미래를 읽다 과학이슈 11

Season 15

미래를 읽다 과학이슈 11   *Season* **15**

초판 2쇄 발행   2024년 3월 5일

글쓴이   한상욱 외 10명
편집   이충환 이용혁
디자인   이재호

펴낸이   이경민
펴낸곳   ㈜동아엠앤비
출판등록   2014년 3월 28일(제25100-2014-000025호)
주소   (03972) 서울특별시 마포구 월드컵북로22길 21 2층
홈페이지   www.dongamnb.com
전화   (편집) 02-392-6901 (마케팅) 02-392-6900
팩스   02-392-6902
이메일   damnb0401@naver.com
SNS   [f] [◎] [blog]

ISBN 979-11-6363-784-4 (04400)

미래를 읽다 과학이슈 11

Season 15

한상욱 외 10명 지음

동아엠앤비

연구개발 예산 삭감, 상온 초전도체에서 애플 비전 프로까지 최신 과학이슈를 말하다!

들어가며

대한민국 과학 발전을 짊어질 연구개발 예산 삭감이나 상온 초전도체 물질 진위 논란, 메타버스의 새 장을 열 애플 비전 프로의 등장 등 수많은 이슈들이 2023년 하반기에도 전 세계를 뒤흔들었다. 이번 『과학이슈 11 시즌 15』에서는 이러한 이슈들을 다양한 각도에서 바라보는 과학적 견해와 해결 방안에 대해 심층적으로 다루었다.

2023년 6월 대통령 주재 국가재정전략회의에서 "연구개발(R&D) 예산을 재검토하라."는 대통령의 의견이 나왔다. 이로 인해 2024년 R&D 예산은 전년 대비 14.7%가 줄어든 26조 5,000억 원으로 최종 결정되었다. 대한민국에 국가 R&D 예산이란 어떤 의미가 있을까? 대통령의 말대로 나눠먹기식, 갈라먹기식 과학계 카르텔은 존재하는 것일까? 정부 주력 R&D 분야 예산을 정치권 맘대로 늘렸다 줄였다 해도 되는 것일까?

2023년 7월에는 'LK-99'라는 '상온상압 초전도체 물질'의 등장이 화제가 되었다. 한국 연구진이 LK-99를 찾았다는 소식은 전 세계의 핫이슈가 됐고, '한국인 최초의 노벨 물리학상 수상자가 나오는 것이 아니냐'는 이야기가 퍼졌다. 약 5개월에 걸친 검증 끝에 결국 상온상압 초전도체가 아닌 것으로 결론 났지만 우리는 왜 그토록 열광했으며 과학계는 어떻게 검증한 것인지 일련의 과정을 정리해보았다.

최근 아스파탐이 뜨거운 감자로 떠올랐다. 2023년 7월 세계보건기구(WHO) 산하 암연구기관인 국제암연구소(IARC)가 아스파탐을 '발암가능물질'로 분류하면서다. 제로칼로리 음료가 한창 인기를 끌 즈음 주원료 중 하나가 논란에 휩싸이면서 2023년 하반기 대한민국에선 치열한 건강 논쟁이 벌어졌다. 대체 진실은 무엇일까?

고양이는 언제부터 사람들 곁에서 살게 되었을까? 최근 세계의 집고양이 유전자를 분석해본 결과, 고양이가 처음 사람 곁에 살게 된 것은 기원전 약 1만 년경까지 거슬러 올라간다고 한다. 집고양이는 왜 사람들 곁에 살게 되었고, 야생 고양이와 어떻게 달라졌을까?

2023년 6월 과학기술정보통신부는 양자과학기술 관련 전문가들과 함께 대한민국 양자과학기술 비전과 목표, 그리고 발전전략에 대한 내용을 발표했다. 아직 우리 삶에 본격적으로 스며들지 못했는데도 불구하고 무엇 때문에 세상이 주목하는 기술로 양자 기술을 선정한 것일까? 양자과학기술은 어디까지 왔을까?

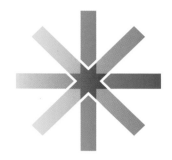

1970년대 석유값이 크게 오르며 '오일 쇼크'가 발생하자 많은 연구자뿐 아니라 기업들도 석유를 대체할 수 있는 에너지원 찾기에 나섰고 그 과정에서 이차전지를 구현하기 위한 노력도 거세졌다. 코로나 펜데믹을 거치며 급격하게 수요가 늘어난 이차전지 시장에서 한국은 승자가 될 수 있을까?

Y염색체는 남성만이 가지고 있어 '남성성'을 대표하는 염색체로 지칭되곤 한다. 하지만 막상 Y염색체에 대해서는 아는 것이 많지 않았다. 그런데 2023년 8월 과학자들이 마침내 Y염색체의 유전체를 완전히 해독하는 데 성공하며 Y염색체 연구의 돌파구를 마련했다. Y염색체는 왜 이렇게 늦게 해독됐을까? Y염색체에 대해 하나씩 살펴보며 그 이유를 찾아가 보자.

애플은 2023년 6월 미국 캘리포니아주 쿠퍼티노 본사에서 열린 자사 개발자 행사 '세계 개발자회의(WWDC)'에서 헤드셋 형태의 공간 컴퓨터 기기 '애플 비전 프로'를 발표했다. 2024년 2월 2일 미국 시장에 먼저 출시되는 이 제품이 메타버스 시장의 '아이폰 모멘트'를 만들어낼 수 있을지 주목된다.

이 외에도 국내에서 첫 발견된 럼피스킨병, 날이 갈수록 치열해지는 사이버 보안 전쟁, 2023년 노벨 과학상 등이 최근 관심을 모았던 과학이슈였다.

요즘에는 과학적으로 중요한 이슈, 과학적인 해석이 필요한 굵직한 이슈가 급증하고 있다. 이런 이슈들을 깊이 있게 파헤쳐 제대로 설명하기 위해 전문가들이 머리를 맞댔다. 국내 대표 과학 매체의 편집장, 과학 전문기자, 과학 칼럼니스트, 관련 분야의 연구자 등이 최근 주목해야 할 과학이슈 11가지를 선정했다. 이 책에 소개된 11가지 과학이슈를 읽다 보면, 관련 이슈가 우리 삶에 어떤 영향을 미칠지, 그 이슈는 앞으로 어떻게 전개될지, 그로 인해 우리 미래는 어떻게 바뀌게 될지 생각하는 힘을 기를 수 있다. 이를 통해 사회현상을 심층적으로 분석하다 보면, 일반교양을 쌓을 수 있을 뿐만 아니라 각종 논술이나 면접 등을 준비하는 데도 여러모로 도움이 될 것이라 본다.

2024년 1월 편집부

11 ISSUE

1

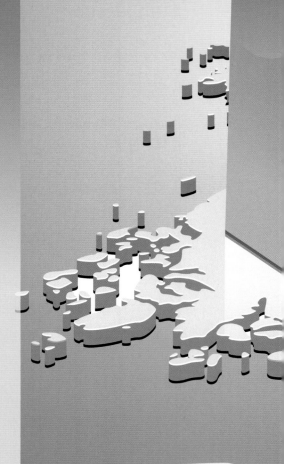

ISSUE 1 과학기술정책

연구개발 예산 삭감

김상현

대학에서 기계설계 및 공업디자인 전공하고 과학자가 꿈이었으나 능력의 한계를 느껴 그들의 이야기를 알리는 작가가 되자고 마음먹었다. 동아사이언스 등에서 과학에 대한 글을 썼고 라디오를 통해서 과학 이야기를 전하고 있다. 현재는 칼럼니스트로 글을 쓰는 것과 동시에 다양한 과학 관련 영상 제작에 참여하고 있다. 유튜브 채널 '울트라고릴라 TV'에서 '위클리사이언스뉴스'를 진행한다. 집필한 책으로 《어린이를 위한 인공지능과 4차 산업혁명 이야기》, 《어린이를 위한 4차 산업혁명 직업 탐험대》, 《지구와 미래를 위협하는 우주 쓰레기 이야기》, 《인공지능, 무엇이 문제일까?》 등이 있다. KAIST 지식재산전략최고위과정에서 최우수 연구상을 받았다.

정부는 왜 국가 연구개발 예산을 축소했나?

윤석렬 대통령은 당선 직후 5년간 연구개발(R&D) 예산 170조 원을 투자하겠다고 발표하기도 했다. 사진은 2022년 5월 윤 대통령이 취임식에서 선서하는 모습.
ⓒ국방홍보원

"지금까지 과학기술 분야는 연구 기반과 재원이 절대적으로 부족한 상태에서 선진국을 추격하는 형태였습니다."

2022년 2월 8일. 당시 국민의힘 대선 후보였던 윤석열 대통령이 한국과학기술회관에서 열린 '과학기술이 대한민국의 미래를 바꿉니다' 토론회에서 한 말이다. 이날 윤 대통령은 "국책 연구기관의 정치적 중립을 보장하고 전문성에 대한 엄격한 기준을 확립하겠다"면서 "정치가 과학기술을 흔들어서는 안 된다"라고 강조했다. 당선 직후에는 대통령이 직접 과학기술을 챙기겠다고도 했다. 2023년 3월 7일에는 5년간 연구개발(R&D) 예산 170

조 원을 투자하겠다는 '제1차 국가연구개발 중장기 투자전략'까지 발표했다. 공격적인 R&D로 2030년에는 과학기술 5대 강국으로 도약한다는 목표였다.

좋았던 분위기는 2023년 6월 28일에 180도 뒤집혔다. 대통령 주재 국가재정전략회의가 열린 날이다. 윤 대통령은 회의에서 "나눠먹기식, 갈라먹기식 R&D는 제로베이스에서 재검토할 필요가 있다"고 강조했다. 대통령 호통 후 과기정통부와 기획재정부는 후다닥 새로운 예산안을 내놨다. 2개월 만인 8월 말. 정부는 2024년 R&D 예산을 25조 9,000억 원으로 다시 발표했다. 전년 대비 16.6%가 줄어든 수치다. 3월에 발표했던 R&D 중장기 투자전략에 따르면 2024년 R&D 예산은 32조 원이었다. 5개월 사이 6조 1,000억 원이 날아갔다. 5년간 170조 원 투자 계획은 145조 7,000억 원으로 쪼그라들었다.

거대 야당인 더불어민주당은 정부의 R&D 예산 축소를 좌시하지 않겠다고 했다. 11월 14일 국회 과학기술정보방송통신위원회 예산안심사소위원회에서 2024년 연구개발 예산안을 정부안보다 8,000억 원 늘려 단독 처리했다. 잡음은 적지 않았다. 민주당이 애초 정부안에서 첨단바이오글로벌 역량강화 등 현 정부 주력 연구개발 분야에서 1조 1,600억 원을 삭감했기 때문이다. 곧바로 국민의힘 소속 위원들은 성명을 내고 항의했다. 이래저래 말이 많았지만, 결국 2024년 R&D 예산은 2023년 12월 21일 관련 예산안이 국회 본회의를 통과하면서 26조 5,000억 원으로 최종 확정됐다.

대한민국에 국가 연구개발 예산이란 어떤 의미가 있을까? 대통령의 말대로 나눠먹기식, 갈라먹기식 과학계 카르텔은 존재하는 것일까? 정부 주력 연구개발 분야 예산을 정치권 맘대로 늘였다 줄였다 해도 되는 것일까?

━━○ 1960년대 이후 꾸준히 증가한 R&D 예산

6.25 전쟁 폐허 속 우리나라는 당장 먹고사는 문제 해결이 급했다. 국민은 당장 내일 끼니를 걱정하는 삶을 살았다. 그런 와중에도 박정희 대통령

은 과학기술 중흥을 부르짖었다. 자원 없는 우리나라가 빠르게 성장하기 위해선 과학기술만이 답이라 생각했기 때문이다.

개발도상국의 경우에 과학기술 활동을 위한 물적·인적 자원이 정부 주도로 이루어지는 것이 통상적이다. 우리나라 역시 국가출연연구원을 중심으로 국가 주도 과학기술 발전 정책이 이어져 왔다. 대표적인 지표로 국가 연구개발 예산 추이를 꼽을 수 있다.

우리나라에서 처음 국가 연구개발 예산에 대한 통계가 나온 것은 1964년이다. 당시 우리나라 국가 연구개발 예산은 20억 원이었다. 같은 해 정부 전체 예산이 1207억 원이었으므로 R&D 예산은 1.66% 정도였다. 최초의 정부출연(연)인 한국과학기술연구소가 탄생한 1966년에는 두 배가 넘는 45억 원이 국가 연구개발 예산으로 책정됐다. 1967년 4월에 과학기술 전담 부처인 과학기술처가 출범했고 과학기술 관련 주요 법률이 만들어지기 시작했다. 1971년까지 주요 산업을 육성하기 위한 법률을 제정했다. 1973년에서 1979년 사이에는 철강·화학·비철금속·기계·조선·전자공업 등 6대 전략 산업을 중심으로 중화학공업화 정책을 추진했다. 대덕연구단지를 조성하기 시작한 것도 이즈음이다.

전략 산업을 초점으로 키워나간 과학기술은 '한강의 기적'을 일궈내는 가장 큰 힘으로 작용했다. 국가 발전과 더불어 R&D 예산도 계속 높아져 갔다. 1979년에는 국가 전체 예산의 2.15%인 1,334억 원을 편성해 처음으로 R&D 예산 1,000억 원 시대가 문을 열었다. 1980년대 이후 정부는 R&D 활동 지원에 더욱 박차를 가했다. 1982년부터 과학기술처가 시작한 '특정 연구개발 사업'을 시작으로 정부 R&D 사업은 점차 확대하기 시작했다.

1991년 정부는 '과학기술 국민이해 증진사업'을 추진하기 위해 '과학기술진흥법'을 개정했다. 1992년 6월에는 현재 '과학창의재단'의 전신인 '한국과학기술진흥재단'을 지정했다. 1993년에는 미래 과학기술을 미리 엿볼 수 있는 세계 박람회(대전 엑스포)가 대전 대덕연구단지 일대에서 열렸다. 때마침 우리나라는 연구개발 예산 1조 원 시대를 맞이했다. 당시 대한민국 정부는 과학기술 연구개발에 1.2조 원을 편성했다. 정부 전체 예산에서

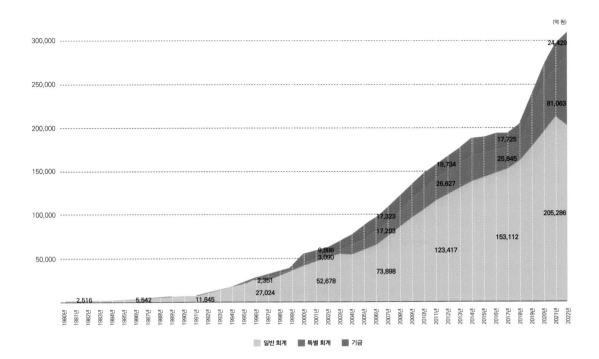

(억 원)

300,000
250,000
200,000
150,000
100,000
50,000

24,429
81,063
17,725
25,845
18,734
26,627
205,286
17,323
17,203
153,112
9,896
3,090
123,417
2,351
73,898
27,024
52,678
5,542
2,516
11,645

1980년 1981년 1982년 1983년 1984년 1985년 1986년 1987년 1988년 1989년 1990년 1991년 1992년 1993년 1994년 1995년 1996년 1997년 1998년 1999년 2000년 2001년 2002년 2003년 2004년 2005년 2006년 2007년 2008년 2009년 2010년 2011년 2012년 2013년 2014년 2015년 2016년 2017년 2018년 2019년 2020년 2021년 2022년

■ 일반 회계   ■ 특별 회계   ■ 기금

2.30%를 차지했다.

해를 거듭할수록 R&D 예산은 정부 예산 내에서 꾸준히 비중을 높여 갔다. 2001년에는 전체 예산 대비 4.19%(5조 7,000억 원)를 돌파했고 2010년에 5%대(5.18%, 13조 7,200억 원)를 처음 찍었다. 이후 지금까지 5%대 언저리(2023년 기준 4.9%, 31조 1,000억 원)를 계속 유지해 오고 있다. 전체 예산 대비 연구개발 예산의 비중이 줄어든 경우는 있지만, 금액 자체가 줄어든 적은 이번이 처음이다. 특히 2022년에는 코로나19, 우크라이나 전쟁 등 국제적 악재로 인해 국가 경제 성장률이 2.6%까지 떨어졌음에도 R&D 예산만큼은 증액했다.

그간 우리나라 과학기술 성장은 정말 눈부시다는 평가를 받아왔다. 대표적으로 1970년 기준 SCI 논문 27편, 미국 특허(등록) 3건에 불가했던 것이 2016년에는 5만9628편의 SCI 논문과 1만9494건의 미국 특허(등록)를

회계별 정부
연구개발(R&D)예산 추이.
2022년까지 줄곧 증가한 바
있다.
ⓒKISTEP

획득할 만큼 성장한 것을 꼽을 수 있다.

그럼에도 아직 대한민국 과학기술 역량은 질적 수준에서 주요 선진국에 비해 부족하다. 예산 역시 선진국 수준에 미치지 못한다. 우리나라 2009년부터 2018년까지 10년간 연구개발 투자 누적 금액을 보면 미국의 약 1/7, 중국의 약 1/5, 일본의 약 1/2 수준에 불과하다. 연구 인력 규모도 중국의 약 1/5, 미국의 약 1/4, 일본의 약 1/2 수준이다. 단 GDP 대비로 보면 조금 다르다. 2020년 기준 한국의 GDP 대비 연구개발 비중은 4.81%로 미국 3.45%, 일본 3.27%에 비해 높은 편이다.

━━● 정권 입맛에 맞춰온 국가 과학기술정책

정부 주도로 과학기술 활동이 펼쳐지다 보니 우리나라 과학기술에 짙은 정치색이 배어 있는 것을 부정할 수 없다. 정권 교체 때마다 과학기술 정책은 계속 변해왔고 주력 R&D 분야도 새롭게 정의됐다. 과학기술 정책을 담당하는 부처장이 갑자기 교체되는 건 기본이고 부처 성격까지 쉽게 바뀌었다.

국가과학기술위원회 회의를
주재하고 있는 노무현 대통령.
ⓒ노무현사료관

우리나라 과학기술정책에 가장 중요한 기관은 '국가과학기술위원회 (국과위)'라고 할 수 있다. 국가과학기술위원회는 1999년 국가 과학기술정책의 종합·조정 체계를 구축하기 위해 탄생했다. 과학기술기본계획 등 국가 과학기술 정책 목표 및 전략을 수립하고 R&D 예산 배분과 조정, 성과 평가 및 성과 활용 지원을 담당한다. 국과위 출범이 우리나라 연구개발 정책에서 중요한 이유는 정부의 일방적인 예산 편성에서 벗어날 수 있었다는 점이다. 우리나라 정부연구개발예산에 대해 논할 때 주로 김대중 정권부터 다루는 이유도 여기에 있다.

한국과학기술기획평가원에서 2022년에 발표한 '정부연구개발예산 현황분석' 자료를 보면 우리나라 정부연구개발예산 편성 제도의 변천 과정을 확인할 수 있다. 국과위가 출범한 이후에는 기획예산처에서 국과위가 조정한 결과를 참고해 R&D 예산을 편성했다. 참여정부에서는 국과위와 더불어 과학기술혁신본부, 과학기술장관회의가 함께 조정했다.

이명박 정부는 국가과학기술위원회 역할을 축소했다. 이명박 정부는 작은 정부를 추구하며 과학기술부와 교육부를 통합해 버렸다. 그렇게 탄생한 것이 교육과학기술부다. 과기부총리제와 과학기술혁신본부도 폐지했다. 청와대에 있던 정보과학기술 보좌관은 교육과학문화 수석으로 둔갑했다. 그러면서 정부연구개발예산은 교과부에서 배분 방향을 결정하고, 예산 평가는 기획재정부에서 담당하도록 조정했다. 2011년이 돼서야 국과위가 주요 R&D 사업에 대해 예산 배분과 조정에 의견을 제시할 수 있었다. 기존에 국과위와 기획예산처가 공동으로 총액 규모와 부처별 지출 한도를 결정하던 것은 기획재정부 단독으로 총액과 지출 한도를 설정하는 것으로 변경했다. 또 '연구과제 중심제도'를 폐지하고 '산업기술연구회'를 지식경제부 산하로 옮겨버렸다.

같은 당이 이어받은 정권이지만, 박근혜 정권은 전 정권과 완전히 다른 과학기술 정책을 추구했다. 교육과학기술부에서 교육부를 다시 뜯어내고 과학기술과 정보통신을 통합한 미래창조과학부를 출범했다. 지식경제부 아래에 있던 '산업기술연구회'도 '기초기술연구회'와 통합시켜 미래창조과

학부 산하로 복귀시켰다. 이때 태어난 것이 '국가과학기술연구회'다. 대신에 국과위를 폐지하고 소관 업무를 새롭게 출범한 '국가과학기술심의회'와 '미래창조과학부'에 이관했다.

미래창조과학부는 문재인 정권이 들어서면서 과학기술정보통신부로 명칭이 변경됐다. 그러면서 미래창조과학부에서 담당하던 창업 진흥 같은 창조경제 업무를 중소벤처기업부로 이관했다. 국가과학기술심의회는 '국가과학기술자문회의'와 통합됐다. 차관급 '과학기술혁신본부'를 부활시키고 부처 덩치를 키웠다. 정부연구개발예산 편성은 전 정권 방식을 고수했다. 주요 R&D 사업의 배분·조정과 평가는 과기정통부가 계속 담당했다. 총량 관리와 예산 편성은 여전히 기획재정부 몫이었다. 예산 조정은 국가과학기술자문회의와 과학기술혁신본부가 맡았다.

윤석열 정부가 들어서면서 과학계에서 주목한 것은 과학교육수석 신설 여부였다. 정부 출범 당시 안철수 당시 대통령직인수위원회 위원장이 대통령실에 과학교육 분야를 전담할 직제가 필요하다고 건의했기 때문이다.

하지만 윤석열 대통령은 이 건의를 거부했고 오히려 청와대 과학기술보좌관를 폐지하는 수순을 밟았다. 대선 공약이었던 민관 과학기술혁신위원회 설치도 폐기했다. 2022년 말에는 '4대 과학기술원' 예산을 과기부에서 교육부로 이관하는 방안을 추진했다가 여론의 뭇매를 맞고 취소하기도 했다.

━━◦ 과학기술정책과 함께 덩달아 몸살 앓은 국가연구개발사업

이렇듯 정권마다 과학기술을 대하는 생각이 다르다 보니 추진하는 국가연구개발사업도 일관성을 갖는다는 것이 거의 불가능했다. 국가연구개발사업은 국가 차원에서 R&D가 요구되는 우선순위 분야의 과학기술을 선정해 추진하는 사업이다. 우리나라는 1990년대에 들어오면서 대형 국가연구개발사업들을 추진하기 시작했다. 보통 노태우 정권에서 만든 '선도기술개발사업(G7 프로젝트)'을 시작으로 본다. 이때 추진한 사업은 초고집적 반도체 분야를 포함해서 제품 기술 개발과 기반 기술 개발 두 분야에서 14개 분야 45개 핵심기술이었다.

이후 김대중 정부에서는 '21세기 프런티어 연구개발사업'이라고 해서 생명기술, 나노기술, 환경기술 등을 전략기술로 꼽았다. 노무현 정부에 들어서는 지능형 로봇, 미래형 자동차, 차세대 전지, 디스플레이, 차세대 반도체, 디지털 TV·방송, 차세대 이동통신, 지능형 홈네트워크, 디지털 콘텐츠·SW 솔루션, 바이오 신약·장기를 10대 차세대 성장동력 사업으로 선정해 예산을 집중했다.

이명박 정부는 미래성장동력 사업으로 총 17개 신성장동력 사업을 추진했다. 녹색기술산업 분야에 신재생에너지, 탄소저감에너지, 고도 물처리, LED 응용, 그린수송시스템, 첨단그린도시를 포함했고, 첨단융합산업에 방송통신융합산업, IT융합시스템, 로봇 응용, 신소재·나노융합, 바이오제약(자원)·의료기기, 고부가 식품산업을 선정했다. 또 고부가 서비스 산업으로 글로벌헬스케어, 글로벌교육서비스, 녹색금융, 콘텐츠·소프트웨어, MICE(기업회의(meeting), 포상관광(incentives), 컨벤션(convention), 전시

(exhibition)의 네 분야를 아우르는 서비스 산업)·관광까지 선정했다. 얼핏 전 정부에서 선정한 10대 사업을 대부분 이어가는 것처럼 보였지만, 정책 기조에 맞는 녹색기술산업에 가장 많은 힘을 투입했다. 교과부로 부처가 통합되면서 교육, 관광 분야도 국가 R&D 사업에 포함할 수 있었다.

이명박 정부가 강하게 밀어붙였던 녹색기술산업은 박근혜 정부가 들어서면서 서서히 힘을 잃어 갔다. 박근혜 정부는 미래 신산업 분야, 주력산업 분야, 공공복지·에너지산업 분야, 기반산업 분야에서 총 19대 미래성장동력 사업을 추진했다. 새롭게 사업을 정하면서 기존 LED 응용, 바이오 제약·의료기기, 고부가식품, 글로벌 교육서비스, 녹색금융, MICE·관광 분야가 핵심 R&D 분야에서 사라졌다.

국가 주력 과학기술이 대통령이 바뀔 때마다 변화하는 것에 대해 과학기술계는 물론 경제계에서도 좋게 평가하지 않았다. 국회예산처는 미래성장동력 정책이 너무 자주 바뀌는 것과 관련해 2016년 말 '미래성장동력 정책 평가' 보고서를 통해 우려의 목소리를 전했다. 보고서에서는 우리나라와 주요국 미래성장동력 정책의 가장 큰 차이는 정책 추진체계의 일관성 여부에 있다면서 미래성장동력 정책의 기본방향이 수립된 이후 대내외적 환경

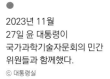

2023년 11월
27일 윤 대통령이
국가과학기술자문회의 민간
위원들과 함께했다.
ⓒ 대통령실

변화에 따라 전략적 투자 분야 또는 정책 방향이 일부 수정될 수는 있지만, 우리나라와 같이 정권 교체 시마다 재검토되는 사례는 없다고 강조했다.

국회예산처의 우려 표명에도 불구하고 과거 행태는 계속 이어졌다. 문재인 정부가 들어선 후에도 국가연구개발사업 방향 조정은 계속됐다. 총 13개 혁신성장동력을 육성한다며 빅데이터, 차세대통신, 인공지능, 자율주행차, 드론(무인기), 맞춤형 헬스케어, 스마트시티, 가상·증강현실, 지능형로봇, 지능형반도체, 첨단소재, 혁신신약, 신재생에너지를 새롭게 선정했다. 특히 탈원전 정책 기조를 강조하며 신재생에너지 분야에 많은 관심과 힘을 쏟았다.

윤석열 정부로 넘어오면서 '12대 국가전략기술육성방안'이라는 명목으로 주력 과학기술 방향에 또다시 손을 댔다. 윤석열 정부는 12대 국가전략기술로 반도체·디스플레이, 이차전지, 첨단이동수단, 차세대원자력, 첨단바이오, 우주항공·해양, 수소, 사이버보안, 인공지능, 차세대통신, 첨단로봇·제조, 양자를 선정했다. 전 정권의 탈원전 기조를 비판하면서 신재생에너지를 빼고 차세대원자력 분야가 새롭게 추가된 것이 눈에 띄었다. 결국 우리나라 과학기술 기본계획의 패러다임은 정권별 국정 기조에 따라 결정된다는 것을 다시금 확인한 사례다.

━━○ 미국·일본 등 선진국의 연구개발 정책

앞에서 언급했듯 우리나라 연구개발 예산은 선진국에 비해 부족하다. 2020년 기준으로 연구개발 예산 순위 1, 2위는 당연히 미국, 중국 순이다. 미국이 7,209억 달러, 중국이 5,838억 달러를 국가 과학기술 발전을 위해 사용했다. EU는 4,414억 달러, 일본이 1,741억 달러, 독일 1,444억 달러를 연구개발비에 투자했다.

그렇다면 선진국들은 어떤 방식으로 과학기술 예산을 책정할까? 우리와 어떤 점이 다를까? 한국과학기술기획평가원이 2022년에 발표한 '미국·일본의 과학기술혁신 행정체계와 시사점'과 2021년에 발표한 '과학기술행

정체계의 현황 진단과 발전방안 연구'을 보면 다른 나라들의 과학기술 정책과 예산 책정 방법을 살짝 엿볼 수 있다.

미국 과학기술 정책은 백악관의 입김이 상당히 강하다. 대통령실 산하의 과학기술정책국과 국가과학기술위원회, 대통령과기자문회의가 과학기술 정책을 만든다. 과학기술 및 R&D 전담 부처 없이 부처별 임무에 따라서 자체적으로 사업을 기획·수행·평가하고 관련 정책을 입안한다는 점이 흥미롭다.

여기서 가장 중요한 역할을 하는 과학기술정책국(Office of Science and Technology Policy, OSTP)은 1976년 백악관 내에 설치한 기구다. 대통령 정책 자문, 연방정부의 과학기술 분야 주요 정책 및 R&D 예산 조정, 과학기술의 국내외 영향에 대한 조언 등을 담당한다. 이 기구에는 민간 전문가로 구성한 대통령 직속 과학기술 자문기구인 '대통령 과학기술자문위원회(PCAST)'와 '국가과학기술위원회(NSTC)'가 포함돼 있다. 과학기술정책국 국장과 부국장이 이 두 위원회의 요직을 겸임한다.

이렇게 미 연방정부의 과학기술혁신정책은 백악관 내에 있는 과학기술정책국 중심으로 수립하고 조정까지 마친다. 그러므로 대통령이 어떤 생각을 하는가에 따라 정책 변동성이 클 수밖에 없다. 특히 바이든 행정부에서 과학기술정책국을 부처 수준으로 높이고 국장을 장관급으로 격상하면서 대통령의 생각이 더 깊이 반영될 수 있는 발판을 마련했다. 과학기술혁신 정책에 관심을 두지 않았던 트럼프 전 대통령에 비해서 바이든 정부는 과학기술 중요성을 강조하면서 국정 전반 정책 수립에도 과학적 접근을 중요하게 생각한다고 평가받는다. 미국은 대통령 4년 연임제로 5년 단임제인 우리나라보다 과학기술 정책 연속성을 좀 더 길게 가져갈 수 있다.

미국이 백악관 위주로 과학기술에 대한 정책을 결정한다면 일본은 내각부가 과학기술정책 컨트롤타워다. 내각부 내에는 국가 차원의 종합적이고 기본적인 과학기술정책 기획을 입안하고 조율하는 사령탑인 '종합과학기술혁신회의'가 있다. 또 이 사령탑을 지원하기 위한 '과학기술혁신추진사무국'도 설치돼 있다. 과학기술정책 일관성을 확보하기 위한 조정과 통합을

담당하는 '과학기술정책담당대신'도 내무부에서 매우 중요한 역할을 하고 있다. 내무부 내에 모든 국가과학기술 사령탑이 모여 있다고 볼 수 있다. 그래서 국가과학기술자문회의(대통령실)와 과학기술혁신본부(과기정통부)의 소속이 분리되어 있는 우리나라보다 유기적 연계 및 효율성이 높다는 평가를 받는다.

━━● 분명 해결해야 할 과학계 마피아와 관피아

미국, 일본을 포함해 세계 어느 나라든 과학기술이 중요하지 않은 나라는 없다. 특히 우리나라가 '한강의 기적'을 이루는 데는 과학기술 역할이 무엇보다 중요했다. 그리고 한국 과학기술 발전에 정부 역할은 결정적이었다. 그럼에도 윤 대통령이 R&D 예산 검토를 지시한 이유는 무엇일까? 실상이야 어떻든 수면 위로 떠오른 말은 '과학계 카르텔'이다.

이종호 과기부 장관은 2023년 8월 22일 제4차 국가과학기술자문회의 심의회의에서 "임자가 정해져 있는 R&D, 나눠주기 R&D 등 그릇된 형태는 반드시 없애고 재발하지 않도록 연구과제 관리의 입구부터 출구까지 투명성과 신뢰성을 높여 가겠다"고 밝혔다. 하지만 과학계는 발끈했다. '이권 카르텔' 자체를 부정하며 문제가 있다면 각종 제도에 있다고 항의했다. 하지만 그들 사이에서도 '고칠 건 고치고 넘어가야 한다'는 자정의 목소리가 들린다.

과학계 카르텔의 가장 큰 유명한 사례는 한때 대한민국 과학계를 휩쓸었던 '원자력 마피아' 사태다. 원전 마피아라고도 불리는 원자력 마피아는 주로 특정 학맥·인맥으로 엮여 원전으로 이익을 보는 원자력 엘리트들을 뜻하는 것으로 알려졌다.

이 말은 일본 후쿠시마 원자력발전소 사고가 일어난 2011년쯤 유행처럼 국내에 회자했다. 일본 원자력계에서 '원자력 마피아' 때문에 만약의 사태에 대비한 안전관리를 소홀히 하다 최악의 사고를 당했다고 자평한 것이 한국으로 고스란히 넘어왔다. 국내 원자력계 역시 결속력이 워낙 강해서 집단사고와 집단이익 추구의 폐해가 우려된다는 이야기가 퍼졌다.

그러다 2012년 당시 통합진보당 공동대표였던 유시민과 고(故) 노회찬 공동대변인이 팟캐스트 방송을 진행하면서 '원자력 마피아', '핵발전 마피아'라는 단어를 사용하면서 불씨가 커졌다. 이어 2013년에는 우리나라 원자력발전소 부품 납품 과정에서 품질기준 미달 부품들이 한국수력원자력에 납품된 '원전 비리 사건'이 터지면서 실체가 드러났다. 당시 부품 제조업체뿐만 아니라 검증기관, 승인기관까지 조직적으로 가담한 것이 밝혀지면서 대한민국 전체에서 '원전 마피아'에 대한 성토가 쏟아졌다.

원자력계 원로이자 한국원자력연구소 소장을 역임한 고(故) 한필순 박사까지 '한국 원전 비리 근원과 근절 대책'이라는 보고서를 작성해 '원전 마피아'를 강하게 비판할 정도였다. 한 박사는 보고서에서 원전 부품 비리는 빙산의 일각이라며 1980년대부터 원전 기술 자립을 방해하고 외국 의존을 주장했던 원전 산업 마피아 세력이 있다고 주장했다. 또 원자력 업계에 깊은 인맥을 형성한 이들이 원전 비리의 뿌리라면서 2004년 중국 원전 입찰 과정에서 이들이 외국업체의 비호를 받아 우리 기업의 수주를 조직적으로 방해한 정황이 있고 이들 원전 마피아에는 전직 장관급, 공기업 사장 등이 포

●
원자력 마피아를 다룬 책 《한국 원전 잔혹史》.
ⓒ 철수와영희

함돼 있다는 폭로까지 서슴지 않았다.

과학계 카르텔은 '원자력 마피아'만 있는 것이 아니었다. 해양 분야에서도 '해피아'라는 카르텔에 대한 문제점이 부각된 바 있다. 2014년 해양수산부가 연구용역 계약의 약 80%를 공개경쟁 없이 특정 기관이나 민간 회사에 맡긴 것이 밝혀졌다. '해수부 마피아'라는 말이 수면 위로 떠오르기 시작한 사건이었다. 해수부 연구용역을 맡은 기관 대부분이 해수부 퇴직자들이 재취업한 해수부 산하 기관이었다. 당시 밝혀진 바에 따르면 해수부는 2010~2013년 4년 동안 전체 연구용역사업 예산(755억 2,615만 원)의 78.7%(594억 4,860만 원)를 특정 기관에 몰아줬다.

초파리 유전학자로 유명한 김우재 박사는 2014년 한겨레에 기고한 '사이언스 마피아'라는 기고문에서 과학계에도 '관피아'가 존재한다고 주장했다. 그는 과학기술계에서도 오래전부터 현장의 연구를 위해서가 아니라, 과기부 관료들을 위해 정책이 수립되고, 연구비 심사는 연구의 건강성이 아니라 과학자가 얼마나 정치를 잘하느냐에 따라 정해진다는 이야기가 횡행했다고 주장했다.

━● 과학기술은 우리에게 무엇을 해주었는가?

그동안 한국 정부는 과학기술 자원이 매우 빈약하다는 것을 잘 인식하고 R&D 투자 확대와 과학기술 인력 확충에 많은 힘을 쏟았다. 과학기술 역량을 빠르게 고도화하기 위해서 국가연구개발사업 등을 강력하게 추진했다. 또한 대덕연구단지를 중심으로 다양한 과학 자원을 구축해 나갔다. 물론 그사이 다양한 잡음들도 계속 들려왔지만, R&D 투자 덕분에 지난 50여 년간 눈부신 과학기술 발전을 이루어 온 것도 사실이다. 과학기술 발전은 국가 발전과 더불어 국민 삶의 질 향상에도 여러 가지 기여를 했다.

대표적인 사례만 몇 가지 들어보자. 1971년 착공해 1977년 완공한 '고리원전 1호기'는 우리나라에 원자력 발전으로 만든 전기를 선물했다. 고리원전 1호기를 통해 우리나라는 세계 21번째 원전보유국이 됐다. 1986년에는 전전자식 교환기(TDX-1) 상용서비스를 개시하시면 전화의 대중화를 열었다. 세계 10번째 개발이었는데, 이를 통해 우리나라가 정보통신 강국으로 부상하는 계기를 마련했다는 평을 받고 있다.

1990년에는 공업용 다이아몬드 기술 상업화에 성공하면서 국내 업체의 초정밀 기계 분야 기술경쟁력을 높이는 데 기여했다. 1992년에는 한국 최초 인공위성 '우리별 1호'를 쏘아 올려 대한민국도 우주 시대 일원으로 발돋움했다. 1996년에는 한국 독자적 디지털 이동통신 시스템 'CDMA 기술' 상용화에 성공하면서 휴대전화 시장 확대를 이끌었다.

1990년대까지 추격형 과학기술을 통해 선진국과 격차를 좁히기 위해 노력했다면 21세기에 들어서면서 창조적이고 혁신적인 과학기술 역량을 발전시키기 위해 노력했다. 특히 과학기술에 건강, 환경, 재난·재해 등 다양한 사회문제 해결에 대한 역할과 기여를 요구했다. 과학기술이 경제발전을

● 2023년 5월 25일 한국형 발사체 '누리호'가 3차 발사에 나섰다. 누리호가 3차 발사에 성공하기까지는 10년 이상의 노력이 필요했다.
ⓒ 한국항공우주연구원

넘어 일상생활에 미치는 영향이 점점 커졌다.

2004년에는 한국 최초 휴머노이드 로봇 '휴보'를 탄생시켰고 2007년에는 대표적인 미래에너지인 핵융합 에너지 개발용 대형 공동연구 시설 'KSTAR'를 건설했다. 2011년에는 세계 최초로 4세대 이동통신 'LTE-advanced' 시스템 상용화를 이뤄냈다. 2013년에는 나로우주센터에서 한국 최초 우주 발사체 '나로호' 발사에 성공했고, 이후 10년 만인 2023년 한국형 발사체 '누리호'로 실용위성 발사까지 성공하는 쾌거를 거두었다. 한국인 개인 게놈을 최고 정밀도로 해독한 '아시아인 표준 게놈 지도'를 구축한 것이 2016년이다. 2020년에는 세계 최초 코로나19 고해상도 유전자 지도를 완성해서 바이러스 극복 열쇠를 찾았다.

이덕환 서강대학교 화학·과학커뮤니케이션 명예교수는 동아사이언스 기고문에서 "세계 최고의 기술이 만들어지는 선진국의 연구개발 현장을 어렵사리 기웃거리던 '우리 과학자'들이 '추격형 국제협력'으로 이룩한 혁혁한 성과"라며 "세계 최고 수준의 원전·반도체·배터리·디스플레이·자동차·조선·가전·석유화학 등의 산업이 모두 그렇게 성장한 결과"라고 평했다.

━━○ 과학기술과 정치는 국가 발전을 위한 동반자

다양한 곳에서 정부 주도로 이룩해낸 다양한 과학기술 성과를 들면서 정부의 R&D 예산 축소 시도에 우려를 표명하고 있다. 출연(연)과학기술인협의회총연합회가 진행한 설문조사에 따르면 응답자 중 95.6%가 '연구비 삭감이 R&D 비효율을 개선하기 위한 구조조정인가'란 질문 문항에 '동의하지 않는다'고 답했다. 응답자 중 89.9%는 '일방적 연구개발 예산 삭감에 대해 집단행동 저항이 필요하다'는 의견을 제시했다.

문재인 정권 시절 과기정통부 장관을 역임한 최기영 서울대 전기정보공학부 명예교수는 2023년 9월 한겨레에 기고한 "'과학'은 구호뿐이었나… 33년 만의 과학 예산 삭감'이라는 글을 통해 경제가 어려울 때는 민간의 연구개발비가 줄어들 가능성이 크다면서 그럴 때일수록 연구자가 연구계를 떠나지 않게 국가가 연구개발에 재정을 더 많이 투입해서 어려움에 처한 연구자들을 보호해야 하는데, 오히려 연구개발 예산을 감축하면 하던 연구가 중단되고 연구자는 사라지게 된다고 경고했다.

이종호 과기정통부 장관이 '과학기술계 롤모델'로 꼽은 김빛내리 서울대 생명과학부 석좌교수·기초과학연구원(IBS) RNA 연구단 단장도 R&D 예산 삭감에 대해 우려를 표했다. 김 교수는 지난 10월 부산 벡스코에서 열린 2023 한국생물공학회 추계학술대회 및 국제심포지엄에서 "기존 연구 인력을 내보낼 순 없으니 연구 재료비를 줄일 수밖에 없다"며 "재료비가 현재의 절반 수준으로 줄어드니 연구 활동이 주춤하게 될 것"이라고 내다봤다.

교육계 쪽에서도 우려의 목소리는 이어졌다. 이광형 KAIST 총장은 매일경제와 인터뷰를 통해 "과학기술 R&D 예산 삭감이란 외형적 현상만 놓고 보면 초·중·고 학생들에게 '과학기술에 희망이 있다'고 말하기 어려운 상황"이라며 "현재 과학기술을 공부하고 있는 대학생들도 자칫하면 의대를

● 윤 대통령이 주재한 2023년
국가재정전략회의.
ⓒ 대통령실

간다고 흔들릴 수 있다고 본다"고 밝혔다.

이러한 우려는 야당인 더불어민주당이 연구개발 예산안을 단독 처리하는 명분을 만들어줬다. 여야가 국가연구개발예산에 대해 첨예한 대립을 이어가자, 조선일보는 'R&D 예산까지 정쟁의 늪에 빠졌다'라는 기사를 냈다. 박노욱 조세재정연구원 선임연구원의 말을 빌려, 여야의 예산 심의가 사업의 타당성을 두고 벌어지는 게 아니라, 정치적 어젠다를 선점하기 위한 투쟁으로 흐르고 있다고 현 사태를 진단했다.

과연 과학과 정치는 어떤 관계일까? 이에 대해 신성철 KAIST 전 총장이 국회에서 한 이야기에 주목할 필요가 있을 것 같다.

"과학과 정치는 매우 다른 특징을 갖고 있습니다. '과학'은 증거를 기반으로 객관성을 추구하고, 연구의 과정 및 결과를 다른 연구자들이 재현할 수 있어야 합니다. '정치'는 신념을 기반으로 공공의 가치 등 주관성을 추구하고, 수많은 유권자와 소통하며 설득하는 과정을 중요시합니다."

그는 그런데도 과학과 정치는 반드시 함께 가야 한다고 읍소했다. 즉 과학계는 정치계에 과학적인 근거에 기반을 둔 자문과 객관적인 논리를 제공하고, 정치계는 이러한 조력을 바탕으로 새로운 비전을 세우고 입법으로 뒷받침하며 예산을 할당하는 역할을 수행해야 한다고 주장했다.

2

상온
초전도체
논란

김미래

이화여자대학교 수학과를 졸업하고, 동아사이언스에서 《수학동아》 수학 기자로 활동했으며, 수학, 과학 콘텐츠 제작 일을 한 바 있다. 2022년 필즈상 취재기사로 과학기자협회의 '2022 올해의 의과학취재상'을 수상했다. 현재는 《과학동아》에서 기자로 활동하고 있다.

ISSUE
2
고체물리

세상을 바꿀 상온상압 초전도체가 등장했나?

2023년 7월 더운 여름을 더 뜨겁게 만든 과학이슈가 있었다. 바로 'LK-99'라는 '상온상압 초전도체 물질'의 등장이었다. 한국 연구진이 상온상압 초전도체 물질 LK-99를 찾았다는 소식은 전 세계의 핫이슈가 됐고, '한국인 최초의 노벨 물리학상 수상자가 나오는 것이 아니냐'는 소식들이 SNS를 타고 퍼졌다.

초전도체 이슈에 있어 그해 8월은 엎치락뒤치락 검증 공방이 이어져 체감상 과학계에서 가장 역동적인 한 달이었다. LK-99에 대한 실험적 검증과 이론적 검증이 쏟아져나오며 방송국과 언론사, 외신 등에서 쉴 틈 없이 기사를 쏟아냈다. 약 5개월에 걸친 검증 끝에 LK-99는 결국 상온상압 초전도체가 아닌 것으로 결론 났다. 우리는 왜 그토록 상온상압 초전도체에 열광했으며 과학계는 어떻게 검증한 것일까? 그 일련의 과정을 하나씩 정리해보자.

➡ 상온상압 초전도체 발견 논문 잇달아 공개

2023년 7월 22일 논문게재 사이트 아카이브(arXiv)에 'The First Room-Temperature Ambient-Pressure Superconductor'라는 논문이 올라왔다. 이후 약 2시간 20분 후 'Superconductor $Pb_{10-x}Cu_x(PO_4)_6O$ showing levitation at room temperature and atmospheric pressure and mechanism'이라는 논문이 뒤따라 올라왔다. 두 논문은 LK-99라는 상온상압 초전도체를 찾았다는 것이 골자로 연구 내용은 비슷했지만, 이석배와 김지훈을 제외한 저자가 달랐다. 이석배와 김지훈은 LK-99를 만든 퀀텀에너지연구소의 연구진이자 각각 제1발명자와 제2발명자였다. 두 논문을 올린 사람은 각각 세 번째로 이름이 등

재된 고려대 권영완 교수와 미국 윌리엄앤드메리 대 김현탁 교수였다.

비슷한 주제와 내용의 논문이 하루에 2편이나 동시에 올라왔다는 사실은 그 자체로 사람들의 관심을 끌기 충분했다. 논문을 올린 방법도 일반적이지 않았다. 학술논문을 투고할 땐 동료 연구자들의 검증을 거친 뒤 의견을 반영해 올려야 하는데, 동료 검증이라는 과정 없이 사전공개 사이트에 논문을 올렸기 때문이다. 이런 상황을 두고 일각에선 상온상압 초전도체에 관한 연구 성과를 각자의 논문으로 선점하기 위해 벌어진 일이 아니냐는 의견이 등장했다.

● 미국 로체스터대 랑가 디아스 교수.
© 로체스터대

LK-99에 앞선 2023년 3월 상온상압 초전도체 진위 이슈로 유명한 미국 로체스터대 랑가 디아스 교수가 상온상압 초전도체 논문을 「네이처」에 발표한 바 있다. 약 4개월 뒤 LK-99가 공개되면서 상온상압 초전도체 이슈에 다시 한번 불을 지핀 셈이다. 디아스 교수는 2020년 15℃에서 수소와 탄소, 황을 다이아몬드 모루 사이에 넣고 압착해 상온상압 초전도체를 만들었다고 「네이처」에 발표한 바 있다. 상온상압 초전도체의 발견은 과학계를 발칵 뒤집었고, 이 성과는 그해 「사이언스」지가 선정한 10대 과학 성과에도 포함됐다. 하지만 2022년 「네이처」는 디아스 교수가 실험 자료를 임의로 수정한 의혹이 있다며 논문을 철회했다. 「네이처」는 "디아스 교수 연구진이 발표한 논문 속 표 두 개에 나온 실험 데이터에서 비정상 신호를 빼면서 표준적이지 않고 자신들이 임의로 규정한 절차를 사용했다"고 밝혔다. 이후 디아스 교수는 2021년 6월 국제학술지 「피지컬 리뷰 레터스」에도 상온 초전도체 논문을 발표했지만, 데이터 오류 문제로 2023년 8월 논문이 철회됐다. 초전도체 관련 내용으로 한 번도 아니고 두 번이나 논문 철회를 당한 것이다.

상온 초전도체에 대한 디아스 교수의 열망은 이대로 그치지 않았다.

그는 2023년 3월 「네이처」에 다시 상온 초전도체 논문을 발표했다. 희토류 원소인 루테튬에 수소와 질소를 넣고 대기압의 2만 배 압력으로 압착한 뒤 3일간 200℃로 구워 초전도 물질을 발견했다는 내용이었다. 디아스 교수는 초전도체 관련 논문이 철회된 전적이 2번이나 있기 때문에 학계는 그의 연구에 대해 회의적인 입장이었다. 과학계가 디아스 교수의 논문에 대해 진위 여부를 검증하던 와중에 2023년 7월 LK-99라는 상온상압 초전도체가 발견됐다는 논문이 공개된 것이다. 연달아 제기되는 상온상압 초전도체의 발견 이슈에 과학계는 우선 LK-99가 진짜 초전도체인지 검증에 돌입했다.

초전도체, 저항 0과 마이스너 효과 보여

상온상압 초전도체는 인류의 미래를 바꿀 꿈의 물질로 여겨진다. 상온상압 초전도체가 상용화된다면 우리의 삶은 완전히 달라지기 때문이다. 어떻게 달라지는지 설명하기 위해선 초전도체의 두 가지 특성을 알 필요가 있다. 첫 번째 특성은 '제로 저항'이다. 초전도체는 특정한 임계 온도 아래에서 전기 저항이 0이 된다. 전기가 흐를 수 있는 고체는 기본적으로 저항을 갖는다. 저항은 전기가 흐르는 것을 방해하는 힘으로 이는 전력의 손실로 이어진다. 초전도체의 전기 저항이 0이 된다는 것은 전기가 흐르는 것을 방해하는 힘이 없다는 의미로 전력이 손실 역시 없다는 뜻이다.

마이스너 효과를 보여주는 초전도체.
© wikipedia/Mai-Linh Doan

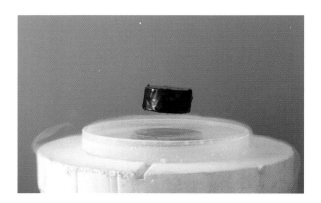

두 번째 특성은 마이스너 효과이다. 마이스너 효과는 어떤 물질이 초전도 현상을 띠는 순간 외부 자기장을 밀어내는 현상이다. 독일의 물리학자 발터 마이스너와 로버트 오센펠트가 1931년 발견한 현상이다. 두 사람은 초전도체를 냉각시키며 내부의 자기장 변화를 관찰하던 중 마이스너 효과를 발견했다. 이때 밀어내는 자기장의 크기는 가해진 만큼의 자기장 크기다. 예를 들어 100만큼의 자기장을 띠는 자석을 초전도체에 가까이 가져가면 100만큼의 자기장을 밀어내며 일정한 간격을 유지한다.

상온상압 초전도체는 초전도체의 특성인 이 두 현상이 상온과 상압의 상태에서 일어날 수 있다. 현재까지 알려진, 가장 높은 임계점을 가진 초전도체는 황화수소(H_2S)로 만든 물질로 높은 압력과 203K(-70℃)에서 초전도 현상을 보인다. 물리학자들이 약 100년에 걸쳐 계속해서 임계점을 높여가며 찾은 결과물이지만, -70℃라는 온도는 여전히 낮고, 높은 압력 상태는 상용화를 막는 걸림돌이다.

만약 상온과 상압에서 초전도성을 띠는 물질을 찾았다고 해도 제작방법이 복잡하거나, 제작에 필요한 재료를 구하기 어렵거나, 비용이 많이 든다면 상용화는 여전히 어렵다. 그런데 LK-99는 납과 구리를 적당한 온도에서 굽기만 하면 만들 수 있다. 지구에 넘쳐나는 구리와 납으로 초전도체를 만들 수 있다는 사실은 상상만으로 과학자들을 흥분시켰다.

━━◦ 상온 초전도체, 세상을 어떻게 바꿀까

그렇다면 상온상압 초전도체가 실제 가능해진다면 우리 삶은 어떻게 변할까? 먼저 전력 송신의 효율을 극한으로 올릴 수 있다. 24시간 밝게 불켜진 지구에 사는 우리는 전기 없이는 살 수 없게 되어 버렸다. 꼭 필요한 전기를 얻기 위해 우리는 막대한 비용을 지불한다. 전기를 생산할 때도 비용이 들지만, 전기를 옮기는 데도 큰 비용이 들기 때문이다. 전기가 송전선을 타고 이동할 때 저항에 의해 전기 에너지 일부가 열에너지로 바뀌어 전력 손실이 발생한다. 따라서 100만큼의 전기 에너지를 만들어도 송전하는 동안 발생하는 열에너지의 손실로 인해 우리가 사용할 수 있는 전기 에너지는 100보다 적다. 현재 발전소에서 그나마 저항이 적은 구리선을 사용해 송전한다. 이마저도 약 7%의 전력이 손실돼 비용으로 따지면 1년에 약 2조 원에 가까운 손해가 발생한다. 어기구 더불어민주당 의원이 한국전력공사에서 받은 '전력수송 중 전력손실량 및 손실액' 자료에 따르면 2014년~2018년 송배전 전력손실 비용은 8조 2,823억 원에 달했다. 상온상압 초전도체를 활용하면 저항이 없어 전력 손실마저도 없다. 길에 버리는 비용 없이 전기를 수송할 수 있게 되는 셈이다. 전력 손실이 준다는 것은 필요한 만큼만 전기를 생산해도 된다는 뜻이다. 에너지 효율성이 증가하는 동시에 화석 연료 의존도를

▲ 상온상압 초전도체가 등장하면 전력 손실이 사라지므로 도시에서 먼 무인도에 발전소를 설치해 전기를 수송할 수 있다.

ⓒ wikipedia/Kreuzschnabel

▲ 자기부상열차에 상온상압 초전도체가 적용된다면, 탈선 위험, 진동, 소음 없이 고속으로 이동이 가능해진다.

ⓒ wikipedia/JakeLM

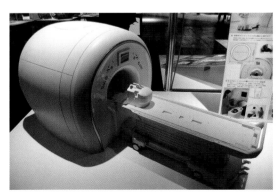

▲ 기공명영상(MRI) 장치에 상온상압 초전도체가 적용되면 촬영비용이 무척 저렴해진다.

ⓒ wikipedia/Mj-bird

▶ 상온상압 초전도체로 양자컴퓨터를 구현할 수 있다면, 휴대용으로 대중화될 수 있다.

ⓒ wikipedia/Dmitrmipt

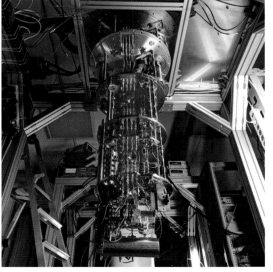

줄이고 탄소 배출 감소에도 도움을 줄 수 있다.

발전소 위치도 바꿀 수 있다. 현재는 수송 거리가 멀수록 전력 손실이 커지기 때문에, 기피시설인 발전소를 도심지 근처에 지을 수밖에 없다. 하지만 전력 손실이 사라진다면 아주 먼 무인도에 발전소를 설치하고 전기를 수송하는 것이 가능해진다. 현재 송전에 사용하는 구리 전선과 케이블 굵기가 수십 배 이상 가늘어지고 땅속이나 심해에 파묻는 케이블 다발의 부피도 줄어든다. 그만큼 공간을 활용할 수 있는 여지가 커지는 셈이다.

송전뿐 아니라 열 손실이 사라지면 전자제품의 효율도 크게 오른다. 컴퓨터에서 데이터를 읽어 연산처리를 해 답을 도출해내는 중앙처리장치(CPU)나 그래픽처리장치(GPU)의 성능도 비약적으로 향상될 수 있다. 지금까지 밝혀진 이론에 따르면 CPU와 GPU의 성능은 더 많은 전력을 투입할수록 더 좋아진다. 하지만 전력을 더 많이 투입할수록 역시 저항으로 인해 전기 에너지가 열에너지로 바뀐다. 이때 열에너지는 전자제품을 망가뜨릴 수 있는 문제가 되는데, 발열이 심해지면 소자가 뜨거워지며 녹아버릴 수 있기 때문이다. 성능이 좋은 PC일수록 냉각 장치가 꼭 필요한 이유도 이 때문이다. 하지만 초전도체 소자가 개발된다면 저항이 없어 발열 걱정이 없기 때문에 전력을 더 많이 쏟아부어도 된다. 최근 핫한 생성 AI는 GPU를 사용해 연산하는데, 개발만 된다면 생성 AI의 기능도 크게 높일 수 있다. 배터리의 효율도 급격히 좋아져 배터리가 필요한 모든 스마트폰이나 PC 같은 전자제품도 단 몇 분만 충전하면 수만 시간 동안 쓸 수 있다는 전망도 나온다. 느린 충전 속도와 짧은 주행 가능 거리로 대중화에 어려움을 겪고 있는 전기자동차 시장도 급성장할 가능성이 높다.

기존의 컴퓨터보다 빠르게 복잡한 문제를 해결할 수 있는 양자컴퓨터도 대중화될 수 있다. 양자컴퓨터를 만드는 방법은 다양한데, 그중 가장 널리 사용되는 방법이 초전도체를 활용한 방법이다. 양자컴퓨터는 큐비트의 중첩상태를 활용한 컴퓨터로 계산을 마칠 때까지 큐비트의 중첩상태가 방해받지 않아야 한다. 중첩상태가 방해받으면 양자 상태가 붕괴되기 때문이다. 초전도체의 전자는 저항에 전혀 방해받지 않고 돌아다닐 수 있어 전자의 양자 성질이 잘 깨지지 않는다는 장점이 있다. 또 초전도체를 활용해 양자컴퓨터의 기본 단위인 큐비트를 만들 수 있다. 초전도체의 큐비트 구현은 조셉슨 효과라는 물리적 현상으로 이뤄진다. 조셉슨 효과란 초전도체 사이에 전기가 안 통하는 얇은 물질을 넣더라도 터널을 뚫고 가는 것처럼 양자역학적 터널링을 통해 전류가 통하는 현상을 말한다. 마이크로파를 이용해 전류의 두 가지 상태를 중첩시키고 조절할 수 있는데, 이 두 상태로 큐비트의 0과 1 상태를 나타낼 수 있다. 이 조셉슨 효과를 이용하기 위해선 초전도체가 필요하다. 하지만 지금까지 발견된 초전도체는 아주 낮은 온도에서 초전도성을 띠기 때문에 초전도체의 냉각 시스템을 구축하는 데 막대한 비용이 든다. 구글과 IBM에서 제작한 냉각 장치의 규모도 엄청나다. 이러한 극저온 냉각 장치의 유지 보수 문제는 양자컴퓨팅 대중화를 가로막는 큰 걸림돌이다. 상온과 상압에서 초전도성을 띠는 초전도체가 발견된다면 이 문제들이 해결돼 더 빠르게 양자컴퓨터가 대중화될 수 있고, 휴대용 양자컴퓨터까지도 상상해볼 수 있다.

초전도체의 또 다른 성질인 마이스너 효과를 이용하면 자기부상열차 개발과 의료 기술의 혁신도 꾀할 수 있다. 자기부상열차는 전기로 발생된 자기력으로 레일에서 낮은 높이로 부상해 바퀴를 사용하지 않고 직접 차량을 추진시켜 달리는 열차를 말한다. 마이스너 효과로 가해진 자기장만큼 밀어내기 때문에 자석 위에 초전도 물질을 올리면 자석 밖으로 넘어가는 일 없이 일정한 거리를 정확하게 유지한다. 자기장의 변화가 없다면 거리의 변화 역시 없다. 따라서 초전도체를 이용한 자기부상열차는 선로 이탈 사고의 위험이 없고 진동과 소음이 거의 없다는 장점이 있다. 개발만 된다면 시속 550km 이상의 속도로 서울에서 부산까지 40분 만에 갈 수 있다.

고성능 의료 이미징 기기인 자기공명영상(MRI) 장치 역시 마찬가지다. 초전도체는 MRI 장치의 핵심 부품인데, 초전도 현상을 일으키기 위한 극저온 환경 조성에 큰 비용이 든다. 만약 상온상압 초전도체가 개발된다면 저렴한 MRI도 가능해질 것이다. 서울대 물리천문학부 김창영 교수는 상온상압 초전도체가 개발되면 MRI를 몇천 원에 사용할 수 있게 될 것이라고 설명했다.

상온상압 초전도체가 가져올 미래는 대략적인 상상만으로도 놀랍다. 이 때문에 LK-99가 진짜 상온상압 초전도체라면 특허를 가진 한국은 세계 강국이 될 수 있다는 밈이 연일 온라인을 달궜다. 실제로 경제적 가치를 계산한 인플루언서도 있었다. 캐나다 출신의 핵융합 연구자이자 과학 인플루언서인 앤드루 코트는 LK-99가 실제 상온상압 초전도체일 경우를 3가지 상황으로 가정해 경제 가치를 계산했다. 그가 가정한 상황은 LK-99가 낮은 전자기장과 낮은 전류를 흘릴 때, 낮은 전자기장과 높은 전류를 흘릴 때, 높은 전자기장과 높은 전류를 흘릴 때였다. 만약 LK-99가 낮은 전자기장, 낮은 전류를 흘릴 수 있다면 LK-99는 휴대전화, 전자제품, 센서 등으로 활용이 제한되기 때문에 경제 가치는 1조 5,000억 달러로 추산됐다. 낮은 전자기장, 높은 전류를 적용할 경우 송전 산업 등의 전력 공급 인프라를 발전시킬 수 있어 최대 2조 달러의 경제효과를, 마지막으로 높은 전자기장과 높은 전류을 적용할 경우 전기로 작동하는 모든 산업을 변화시킬 수 있어 최대 4조 5,000억 달러의 경제효과를 창출할 수 있다고 설명했다. 한국 네티즌들은 '2036년 강대국이 된 한국', '하버드대 대신 고려대'라는 밈들을 만들어내며 기대감을 증폭시켰다. 주식 시장에서는 초전도체 테마주가 연일 인기를 끌며 대중들의 관심이 더욱 주목됐다.

물론 상온상압 초전도체의 개발이 상용화와 바로 이어지는 것은 아니다. 한국공학대 에너지전기공학과 최경달 교수는 만약 상온상압 초전도체가 개발됐다고 하더라도 더 가성비가 좋은 합성물질을 찾고 활용하는 데 약 10년 정도가 걸릴 것이라고 설명했다. 최 교수는 이어 초전도체가 노벨상 '메달밭'인 것처럼 LK-99가 진짜 상온상압 초전도체라면, 발견한 사람도 노벨상을 받고, 그 원리를 밝힌 사람도 노벨상을 받을 것이라고 예측했다.

━● '노벨상 메달밭' 초전도체의 역사

초전도체를 발견하거나 그 원리를 파악한 사람들은 대부분 노벨 물리학상을 수상해 초전도체 분야는 노벨 물리학상의 메달밭이라 불린다. 그 명성에 걸맞게 초전도체는 최초 발견과 함께 노벨상 수상자를 배출했다. 네덜란드 물리학자 헤이커 카메를링 오네스는 1908년 액체 헬륨을 사용해 최초로 절대영도에 가까운 온도에 도달하는 데 성공했고, 이후 다양한 물질이 극저온에서 어떤 전기적 특성을 띠는지 연구했다. 그러다 그는 1911년 수은을 극저온 상태로 냉각시키며 전기 저항을 측정하다가 약 4.2K(-269℃)의 매우 낮은 온도에서 수은의 전기 저항이 갑자기 사라지는 현상을 발견했다. 그는 액체 수소, 액체 헬륨 제조에 성공한 공로를 인정받아 1913년 노벨 물리학상을 수상했다(수상의 이유는 초전도체 물질 발견이 아니었다). 이 충격적인 발견에 과학계는 혼란스러워했다. 그도 그럴 것이 초전도 현상은 양자 현상인데, 당시에는 양자역학이라는 이론이 확립되기 전이기 때문이다. 이후 약 50년간 과학계에서 초전도 현상의 이유는 난제로 남아 있었다.

초전도의 원리를 밝히기 위해 여러 유명한 물리학자들이 도전했다. 양자역학의 아버지라 불리는 닐스 보어, 불확정성 원리를 발견한 베르너 하이젠베르크처럼 양자역학에 굵직한 연구를 한 전설적인 물리학자들이 초전도 현상의 원리를 알아내기 위해 도전했지만, 여전히 미궁이었다. 천재 물리학자 리처드 파인만의 말도 유명하다. 그는 1950년대 자신의 과학적 활동에 공백이 있던 이유에 대해 초전도 현상을 연구했지만 실패했기 때문이라 말하기도 했다. 여러 과학자들의 도전에도 풀리지 않았던 해답은 1957년 세 명의 물리학자, 존 바딘, 리언 쿠퍼, 존 로버트 슈리퍼가 찾았다. 그들은

BCS 이론에 따르면, 전자가 쌍(쿠퍼쌍)을 이뤄 초전도 현상이 나타난다.

1957년 초전도 현상이 발생하는 이유를 설명하는 이론을 만들고 자신들의 이름 앞글자를 따서 'BCS 이론'이라고 이름 지었다.

BCS 이론을 이해하기 위해 도체의 구조를 살펴보자. 전기가 흐르는 물질인 도체는 두 가지로 구성돼 있다. 하나는 양전하를 띠는 원자핵이고, 다른 하나는 음전하를 띠는 전자이다. 원자핵은 크고 무거워서 규칙적으로 배열된 자리에 고정돼 주로 진동한다. 반면 전자는 가볍고 원자핵 사이를 자유롭게 움직이며 다닐 수 있다. 전자가 원자핵 사이를 이동할 때 전자는 원자핵과 충돌하곤 하는데, 이런 충돌은 전자의 움직임, 즉 전기의 흐름을 방해한다. 이것이 바로 저항이다.

바딘, 쿠퍼, 슈리퍼 세 사람이 제시한 BCS 이론은 두 개의 전자가 쌍을 이루는 '쿠퍼쌍'이 생길 때 초전도 현상이 일어난다는 이론이다. '두 개의 전자가 쌍을 이룬다'는 말에서 전자기학적 지식을 갖춘 사람이라면 머리에 물음표가 그려질 것이다. 같은 음전하를 띠는 전자 두 개는 서로 밀어내는 힘을 갖는데, 이 둘이 쌍을 이룬다는 것이 쉽게 이해되지 않기 때문이다.

쿠퍼쌍이 존재하려면 서로 밀어내는 두 전자를 묶어줄 접착제가 필요하다. 물리학자들은 그 접착제를 원자의 떨림(포논)에서 찾았다. 그림을 보면 큰 원자핵들은 규칙적으로 배열되어 있고, 그 사이를 음전하를 띠는 전자가 지나간다. 무거운 원자핵은 자리에서 조금씩 움직이며 진동하는데, 이 진동을 가상의 입자로 다룰 수 있다. 이를 '포논(phonon)'이라고 한다. 그렇다면 포논은 어떻게 생길까? 양전하를 띠는 원자핵 사이를 음전하를 띠는 전자가 지나가면 원자핵들은 전자 쪽으로 살짝 움직인다. 이 영역에 양전하가 강해진 일종의 '트랩'이 생긴다. 무거운 원자핵은 제자리로 돌아가는 데 시간이 걸리고, 뒤따라오던 전자는 양전하가 강해진 트랩에 빠르게 끌려들어 온다. 먼저 지나간 전자가 닦아 놓은 길을 뒤쪽 전자가 따르는 것이다.

BCS 이론은 극저온 상태에서 초전도 현상을 띠는 물질만 발견된 당시에는 문제없는 이론이었다. 1986년 과학자들을 충격에 빠뜨리는 연구가 공개됐다. 요하네스 게오르크 베드노르츠와 카를 알렉산더 뮐러가 35K에서 초전도 현상을 발견했다는 내용의 연구를 독일 학술지 「물리학 저널

질소로 냉각한 고온 초전도체가
마이스너 효과를 보여주고
있다.
© wikipedia/Henry Muhlpfordt

B(Zeitschrift für Physik B)」에 발표했기 때문이다. 이전까지 전이 온도의 이론
적 한계를 25K로 알고 있던 물리학자들은 35K에서 발현되는 초전도 현상
을 접하고 패닉에 빠졌다. 당시 과학계에서 믿지 않는 사람이 많았지만, 이
후 다른 연구진들이 실험을 재현하는 데 성공하며 고온 초전도체의 시대가
도래했다.

　　과학자들이 충격에 빠진 이유는 포논에 의한 쿠퍼쌍 생성 이론 때문
이었다. 포논에 의해 쿠퍼쌍이 생긴다는 이론은 극저온 상태에선 전자가 자
유롭게 움직이는 에너지(엔트로피)가 적기 때문에 가능한 이론이었다. 하지
만 35K의 높은 온도에서 전자는 더 무질서해지려는 엔트로피가 높아지고,
엔트로피가 높아지면 두 전자가 쌍을 이루게 하는 힘이 더 강해야 했다. 저
온 초전도체에서는 전자 사이의 거리가 약 1천 Å인데, 고온 초전도체에서는

10Å 이하다. 이를 힘으로 환산할 경우 쿨롱 반발력을 이겨내려면 쿨롱 반발력의 1만 배 정도의 인력이 고온 초전도체에서 필요한 셈이다. 이 엄청난 힘을 포논만으로는 설명할 수 없었다.

어떤 강력한 힘이 고온에서 전자들을 잡아당기는 것일까. 이 의문이 당시 물리학자들에게 가장 큰 고민거리였다는 사실은 최초의 고온 초전도체가 발견된 이듬해인 1987년의 미국 물리학회의 모습으로도 확인할 수 있다. 1987년 미국에서 열린 물리학회에서 초전도 세션에 너무 많은 물리학자가 모여 마치 페스티벌을 상상하게 했다고 한다. 그래서 1987년 미국 물리학회의 모습을 유명한 록 페스티벌의 이름을 따 '물리학의 우드스탁'이라고 부르기도 한다. 고온 초전도체 발견이 과학계에 엄청난 반향을 일으켰다는 사실을 뒷받침해주는 또 다른 증거는 노벨 물리학상 수상 결과다. 인류의 평화와 학문에 기여한 사람에게 수여하는 상인 노벨상은 일반적으로 연구 이후 그 공헌을 인정받은 뒤 수상하기 때문에 짧게는 5년, 길게는 수십 년이 지나서 받기도 한다. 그런데 고온 초전도체를 발견한 밀러와 베드노르츠는 단 1년 만에 1987년 노벨 물리학상을 수상했다.

놀라운 점은 여전히 높은 온도에서 초전도 현상을 띠는 이유, 즉 높은 온도에서 쿠퍼쌍이 생기는 이유가 밝혀지지 않았다는 점이다. 그렇다면 쿠퍼쌍이 생기면 초전도 현상이 발현된다는 가정 자체가 틀린 것은 아닐까? 아시아태평양이론물리센터 방윤규 소장(포스텍 물리학과 교수)은 지금까지 초전도체를 설명할 수 있는 이론은 BCS 이론이 유일하다며 BCS 이론은 수학적 엄밀성과 실험적 검증으로 완벽히 증명된 이론이라고 설명했다. 이 때문에 물리학자들은 BCS 이론에 근거해 높은 온도에서 쿠퍼쌍이 생기는 다양한 이유를 만들었다. 오늘날 고온 초전도체에서 초전도 현상을 일으킬 쿠퍼쌍이 만들어질 가능성을 제시한 이론은 매우 많아서 과학자들 사이에선 고온 초전도체 이론이 연구자 수만큼 많다는 농담이 있을 정도다.

현재 응집물리학계에서 주류로 인정받는 이론은 '진동을 이용한 초전도 이론'과 '스핀 액체 이론'이다. 진동을 이용한 초전도 이론은 포논 외에 스핀 진동, 전하 진동 등 다른 진동이 쿠퍼쌍을 이루는 데 필요한 힘을 전자에게 제공한다는 가설이다. 스핀 액체 이론은 전자의 양자역학적 특성인 '스핀'을 활용한다. 두 개의 전자가 가지고 있는 각각의 스핀이 상호작용한 결과 서로 자석처럼 끌어당겨 스핀 쌍을 이루고, 이후에 전자가 가지고 있는 전하가 결합해 쿠퍼쌍을 만든다는 이론이다.

━━○ 상온 초전도체를 향한 계속된 도전

고온 초전도체의 비밀도 채 풀리지 않은 상태지만 상온상압 초전도체를 발견하려는 과학자들의 도전은 계속됐다. 2007년 이탈리아 수소에너지 연구기관의 연구팀은 260K(-13℃)에서 특정한 수소화 팔라듐이 초전도체로 전이된다는 주장을 담은 연구를 발표했다. 하지만 다른 연구진들은 이 내용을 증명하지 못해 진위가 밝혀지지 못했다. 2012년에는 독일 라이프치히대 초전도성 및 자기성 실험물리학연구소에서 흑연 분말을 300K 이상의 고온에서 정제수로 처리하자 초전도 현상을 보였다고 발표했다. 하지만 연구팀은 해당 물질의 마이스너 효과와 제로 저항을 입증하지 못해 이 역시 진위 여부를 밝히지 못했다.

2015년엔 상압은 아니지만 상온에 가까운 상태에서 초전도체의 가능성이 제시됐다. 독일 막스플랑크연구소 연구진은 다이아몬드로 만든 모루를 이용해 대기압의 150만 배인 150GPa이라는 극한의 압력을 가하면 황화수소(H_2S)가 H_3S로 변화하며 초전도 현상을 띠었다고 발표했다. 이때의 임계온도는 203K(-70℃)였다. 이후 2019년 독일 막스플랑크연구소 미하엘 엘르메츠 박사 연구팀은 란타넘과 수소를 이용해 250K(-23℃)에서 초전도성을 보이는 물질을 찾아냈다. 하지만 이 역시 170GPa의 압력이 필요했기 때문에, 상온상압 초전도체로 보기는 어려웠다.

디아스 교수 역시 상온상압 초전도체를 향해 끊임없이 도전했다. 앞서 말했듯이 2023년 3월 희토류 원소인 루테튬에 수소와 질소를 넣고 대기압의 2만 배 압력으로 압착하고 3일간 200℃로 구워 초전도 물질을 발견했다는 내용을 「네이처」에 발표했다. 하지만 디아스 교수의 논문은 2023년 11

월 또다시 철회됐다. 연구팀이 발표한 논문 데이터에 신뢰성 문제가 다시금 제기됐기 때문이다. 연구에 참여한 논문 저자 10명 중 8명이 재료의 출처와 실험 측정 데이터, 분석 방법 등이 정확하지 않아 논문의 진실성을 훼손한다며 「네이처」에 논문 철회를 요청했다. 이에 「네이처」는 논문 데이터 신뢰성을 분석했고, 바로 철회 사실을 공지했다.

━● LK-99는 어떤 물질일까?

이제 화제의 중심 LK-99에 대해 이야기해보자. LK-99는 어떤 물질일까? LK-99의 화학식은 $Pb_{10-x}Cu_x(PO_4)_6O$(0.9 < x < 1.1)으로 납-인회석 구조에 소량의 구리가 도핑된 구조이다. 최초 발견자인 이석배와 김지훈의 성에 최초로 발견된 해인 1999년을 따 이름 지었다.

LK-99를 제작한 퀀텀에너지연구소는 2023년 4월 한국결정성장 및 결정기술학회지에 발표한 논문에서 그 방법을 공개했다. 그 내용에 따르면 먼저 산화납(PbO)과 황산납($PbSO_4$) 분말을 그릇에 5대5로 잘 섞고 725℃ 가마에서 공기와 함께 24시간 가열해 라나카이트($Pb_2(SO_4)O$)를 얻는다. 그리고 구리와 인 분말을 적절한 비율로 혼합해 진공 상태로 크리스털 관에 넣

●
자석 위에 반쯤 떠 있는 LK-99.
ⓒ 김현탁

황산납   산화납

1:1 비율

섞는다

크리스털 관에
넣는다

725℃에서
24시간 동안
소결한다

● 라나카이트 합성법

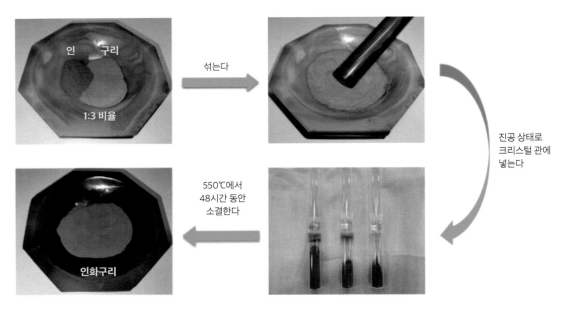

인   구리

1:3 비율

섞는다

진공 상태로
크리스털 관에
넣는다

550℃에서
48시간 동안
소결한다

인화구리

● 인화구리 합성법

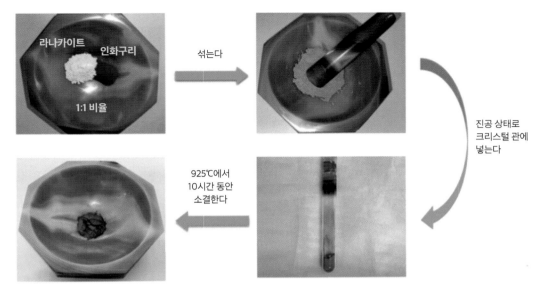

라나카이트　인화구리

1:1 비율

섞는다

진공 상태로
크리스털 관에
넣는다

925℃에서
10시간 동안
소결한다

○ 수정된 LK-99 합성법

어 밀봉하고 그 관을 다시 550℃ 가마에서 48시간 가열해 인화구리(Cu_3P) 를 만든다. 그리고 마지막 순서로 라나카이트와 인화구리를 잘게 부수고 혼 합한 뒤, 진공 상태로 크리스털 관에 넣어 밀봉해 925℃ 가마에서 5~20시간 가열하면 LK-99가 탄생한다. 퀀텀에너지연구소도 LK-99를 우연히 제작하 게 됐다고 비하인드 스토리를 밝혔다.

LK-99가 초전도체라면 LK-99 연구진이 밝힌 쿠퍼쌍 생성 이론은 어 떨까? LK-99 연구는 고려대 화학과 최동식 교수의 '전자 초유체 이론(ISB)' 에서 시작됐다. 최동식 교수는 전자의 흐름은 유체와 비슷하고 저항은 유체 의 점성 같다고 생각했다. 특히 최 교수는 초전도 현상이 일어나려면 엔트 로피가 낮아야 하는데, 이를 위해선 전자가 획일적 운동을 하는 '집단 진동' 을 해야 한다고 판단했다. 전자는 액체처럼 움직이다가 특정 조건에서 초유 체처럼 상전이할 때 집단 진동을 하게 되고, 집단 진동을 하는 전자는 외부 에서 전자가 유입되면 한 칸씩 이동하는데, 이 연쇄적인 전자의 이동이 저항 없이 일어나며 초전도 현상이 나타난다고 생각한 것이다.

● 퀀텀에너지연구소가 공개한 제작법으로 중국 연구팀이 재현한 제작 과정이다. 제조법이 정확하게 공개되어 있지 않은 부분은 임의로 수정해 진행했다.
ⓒ Advanced Functional Materials

퀀텀에너지연구소는 ISB 이론을 바탕으로 LK-99 연구를 시작했지만 완벽하게 설명할 수는 없었던 것으로 보인다. 이후 다른 이론을 주장하는 미국 윌리엄앤드메리대 김현탁 연구교수, 고려대 권영완 교수와 함께 연구했기 때문이다. 먼저 미국 윌리엄앤드메리대 김현탁 연구교수와 함께한 연구 논문에서 내세운 이론은 BR-BCS 이론이다. BR-BCS는 전자들 사이의 척력이 강한 물질의 경우 전자의 이동 속도가 느려져 액체처럼 움직이는데, 이때 포논에 의해 받는 힘을 더 오래 받을 수 있어 쿠퍼쌍을 만드는 힘이 더욱 강해진다는 이론이다. 김 교수는 2023년 8월 3일 동아사이언스 유튜브 채널 '씨즈 더 퓨처'와의 인터뷰를 통해 LK-99가 1차원 초전도체로 전자의 자유도를 제한해 1차원 방향으로만 움직일 수 있기 때문에 임계온도가 올라가는 것이라고 설명했다.

고려대 권영완 교수가 내세운 이론은 양자우물 이론으로 조금 다르다. 양자우물은 양자 효과를 받는 물질이 에너지 장벽으로 둘러싸여 마치 우물 속에 있는 것과 같은 현상을 의미한다. 예를 들어 그릇에 구슬을 넣게 되면 구슬은 그릇이란 장벽에 갇혀 빠져나올 수 없다. 하지만 구슬을 세게 굴리면 그릇을 빠져나올 수 있다. 양자우물 이론은 생성된 우물을 전자들이 연속적으로 빠르게 지나가며 저항이 없는 초전도체가 만들어질 수 있다는 내용이다. LK-99는 직경이 133pm인 Pb_2^+ 이온 중 일부가 직경이 87pm인 Cu_2^+ 이온으로 치환되면 부피가 감소한다. 이때 발생한 내부 응력이 양자 우물을 만들어낸다고 권 교수는 주장했다.

━━◦ 시작된 검증 릴레이, 그리고 그 결과

논문이 화두에 오름과 동시에 검증 릴레이가 시작됐다. 가장 먼저 검증대에 오른 것은 개발팀이 공개한 영상 두 편이었다. LK-99에 자석을 이리저리 가져대자 LK-99가 자석의 움직임에 따라 밀려나는 영상과 자석 위에 비스듬히 서 있는 LK-99의 모습을 담은 영상이었다. 최경달 교수는 영상만으로는 초전도체임을 확인하기 어렵다는 입장을 보였다. 두 영상은 초전

도체의 마이스너 효과를 보여주는 영상이라
고 하지만, LK-99가 진짜 초전도체라면 앞에
서 자석을 마구 흔들지 않아도 일정한 양의 자
기장을 밀어내며 일정한 거리를 유지해야 한
다. 최 교수는 자석을 마구 움직이지 않는 영상
이 더 필요하다고 밝혔다. LK-99의 일부만 뜨
는 영상을 보고도 그는 완벽히 뜨지 않는 모습
을 보면 이 물질에 불순물이 섞여서 그런 것인
지, 초전도체가 아니라 그런 것인지 확답을 내
릴 수 없다고 설명했다.

　　방윤규 교수는 발표된 논문 속 데이터만
으로는 LK-99가 초전도체라고 볼 수 없다고
밝혔다. 먼저 LK-99의 저항값이 완벽히 0이 아
닌 데이터에 대해서는 크게 문제시하지 않았
다. 방 교수는 실험에서 오차는 충분히 발생할
수 있다며 만약 노이즈라면 더 좋은 샘플을 제

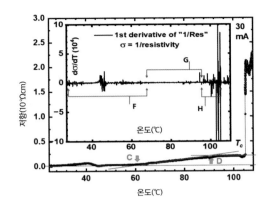

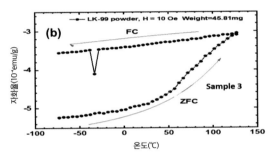

작하고 그것으로 더 정교하게 실험해서 저항값을 0으로 만들면 된다고 설
명했다. 방 교수가 의문을 제기한 것은 마이스너 효과(반자성 효과)를 보이
는 데이터였다. 초전도체는 초전도 현상이 일어나기 시작하는 임계온도가
되면 갑자기 반자성 효과가 생긴다. 그런데 LK-99의 경우 임계 온도가 되기
전부터 '반자성 효과'가 나타난다. 방 교수는 반자성 효과를 보여주는 그래
프를 봤을 때 초전도체가 아닐 가능성이 높다고 밝혔다. LK-99가 초전도체
임을 뒷받침하는 김현탁 교수의 이론에 대해서도 의문을 제기했다. 방 교수
는 BR-BCS 이론은 주류 학계에서는 받아들여지지 않는 이론이라며 1차원
초전도체라는 설명이 초전도성을 띠는 '1차원 라인'을 발견했다는 뜻이 아
닐까 하고 추측했다. 이어 그는 LK-99 내부에서 초전도 현상을 띠는 일부 선
구간을 찾기도 어렵고, 찾더라도 그것이 초전도체라고 말할 수 있는지에 대
한 논의가 필요하다고 설명했다.

아카이브(arXiv)에 공개된
논문 속 LK-99 관련 데이터로
온도에 따른 저항값(위)과
자화율(아래)을 보여준다.
빨간색 선으로 저항값이 완전히
0이 되지 않는 것을 확인할
수 있다. 자화율은 완만하게
떨어지는 모습을 보여,
일반적으로 급격히 마이스너
효과를 보이는 초전도체와
다르다.
ⓒ arXiv

세계 각국의 연구진들은 이론, 실험 검증에 돌입했다. 초반 이론 검증에서는 꽤 긍정적인 연구가 발표됐다. 미국 로렌스버클리국립연구소의 시네드 그리핀 연구원은 컴퓨터 시뮬레이션을 통해 LK-99가 상온에서 초전도 현상을 일으킬 이론적 가능성을 확인했다고 밝혔다. 중국의 연구진들도 이론적으로는 가능하다는 연구를 잇달아 공개했다. 하지만 상온상압 초전도체의 진위는 완벽하게 밝히기 위해선 실험 검증이 필수였다.

한국초전도저온학회의 의견에도 관심이 모였다. 한국초전도저온학회는 2023년 8월 2일 LK-99 검증위원회를 꾸리고 자체 검증과 함께 퀀텀에너지연구소가 시료를 공개한다면 바로 검증에 돌입할 것이라고 발표했다. LK-99 검증위원회는 비교적 회의적 입장을 고수했기 때문에 LK-99가 진짜 초전도체이길 바라는 사람들 사이에선 '제작법이 모두 공개됐음에도 시료 제공만을 기다리는 검증위원회가 안일하다'는 지적을 하기도 했다. 하지만 검증위원회가 LK-99 시료 제공을 요구한 것은 LK-99의 레시피가 매우 모호해, 직접 만들기에는 경우의 수가 너무 많았기 때문으로 추측된다. 공개된 제작법을 살펴보면, '구리와 인 분말을 적절한 비율로 혼합해'라는 부분과 '5~20시간 가열'이라는 부분만 봐도 구체적인 제작법이 아니라 우연히 만들어진 LK-99 레시피를 서술한 것으로 추측된다. 최경달 교수는 우연히 비슷한 물질이 나왔다고 해도 경우의 수를 모두 다 제작해보지 않는 한, 그 샘플이 가장 완벽한 초전도체임을 확인할 수는 없다고 설명하기도 했다.

해외 연구진들의 실험 검증 결과는 주로 부정적이었다. 약 2주간 계속된 연구 릴레이 끝에 8월 16일 「네이처」는 'LK-99는 초전도체가 아니다'라는 제목의 기사를 내며, 지금까지 나온 검증 결과를 종합해 LK-99가 초전도체처럼 '보였던' 이유를 설명했다. 해당 내용에서 독일 막스플랑크고체연구소는 LK-99의 순수한 단결정 합성에 성공했고, LK-99 단결정은 초전도체가 아닌 절연체임을 밝혔다. 연구팀은 LK-99가 보인 초전도성은 제조 과정에서 생긴 불순물인 황화구리 때문으로 추정된다며 약간의 강자성 및 반자성을 띠지만 자석 위에 뜰 정도의 자성을 가지지는 않았다고 설명했다. 미국 일리노이대 어바나-샴페인 캠퍼스 연구팀은 저항이 급격히 낮아지는 것도 황화구리가 상전이 되는 온도가 104℃여서일 뿐 초전도체는 아니라고 설명했다. 「네이처」는 기사 말미에 퀀텀에너지연구소가 네이처의 논평 요청에 응하지 않았다며 상황을 끝낼 방법은 제작자에게 샘플을 받아 검증하는 것이라고 다시 한번 강조했다.

논란은 계속됐지만 퀀텀에너지연구소는 시료 제공에 끝내 응하지 않았고, 한국초전도저온학회 LK-99 검증위원회는 12월 13일 지금까지의 내용을 종합한 LK-99 검증백서를 발표하며 LK-99가 초전도체가 아니라고 결론 내렸다. 한국초전도저온학회는 한국표준과학연구원 소재융합측정 연구소, 부산대학교 양자물질 연구실, 성균관대학교 전자활성에너지 연구실 등 8개의 연구실에서 실험 검증을 진행했다. 그 결과 제로 저항과 마이스너 효과를 보여주는 경우는 한 차례도 없었으며, 대부분의 결과는 LK-99가 비저항 값이 매우 큰 부도체임을 보여주고 있다고 설명했다.

━━○ 아직 끝나지 않은 LK-99 논란

6개월간의 검증 끝에 한국초전도저온학회는 LK-99가 초전도체가 아니라고 결론 내렸다. 하지만 아직 LK-99 논쟁은 끝나지 않았다. LK-99 논문을 발표한 퀀텀에너지연구소와 김현탁 교수 그리고 권영완 교수 간에 갈등이 있었음이 12월 11일 권영완 교수의 기자간담회를 통해 공식적으로 인정됐기 때문이다.

논문이 공개된 당시에도 두 사람 간에 이권 다툼이 있는 것이 아니냐는 말이 나왔다. 2시간 반 간격으로 올라온 논문과 동료 평가 없이 사전공개 사이트(아카이브)에 올린 논문, 그리고 뭔가 급하게 정리된 듯한 논문의 내용 때문이었다. 각 논문의 주요 저자들의 행보도 완전히 달랐다. 권영완 교수는 언론 노출을 최대한 꺼렸고, 공식적인 발표도 고려대에서 열린 금속다층국제심포지엄의 폐막식에 예고 없이 등장해 LK-99 논문에 대한 내용을 발표했다. 반면 김현탁 교수는 자신이 쓴 논문과 관련된 LK-99 영상을 사이언스캐스트에 올리고, 언론사와 인터뷰를 적극적으로 이어나가며 LK-99가

상온상압 초전도체가 맞음을 주장했다. 이런 모습들에 불거지던 이권 다툼의 의혹을 권 교수가 11일 기자간담회에서 공식적으로 인정한 것이다.

권 교수는 LK-99 관련 논문을 정식 심사 과정이 없는 아카이브에 올린 이유가 해당 연구와 관련해 연구 기여를 주장한 다른 연구자들과의 분쟁 때문이었다고 설명했다. 권 교수의 주장에 따르면 그는 함께 연구했지만 더 이상 함께하지 않게 된 퀀텀에너지연구의 이석배 대표로부터 2023년 3월 LK-99 관련 논문을 내겠다는 연락이 왔었지만 이에 답변하지 않았다. 답이 없었음에도 이 대표 측에서 자신의 동의 없이 논문을 그대로 제출했다고 설명했다. 이후 7월 다시 이 대표가 논문을 작성하고 있다며 논문 참여 동의 여부를 물어왔지만, 해당 논문에는 자신과 연구를 진행하지 않은 김현탁 교수의 이름이 올라가 있어, 해당 연구의 소유권을 분명히 기록으로 남기기 위해 아카이브에 올렸다고 설명했다. 퀀텀에너지연구소의 주장은 달랐다. 퀀텀에너지연구소와 김현탁 교수 측은 권영완 교수가 다른 저자의 동의 없이 무단으로 논문을 올렸다고 주장했다. 이에 8월 10일 고려대 연구진실성위원회는 권영완 연구교수가 정말 무단으로 논문을 올렸는지에 대한 조사했고, 12월 11일 권 교수의 행위가 부정행위에 해당하지 않는다고 밝혔다.

일각에서는 퀀텀에너지연구소와 김 교수 측이 권 교수의 무단 게재 논란을 제기한 이유는 특허권도 관련이 있을 것이란 추측을 제기했다. 특허에 등록된 LK-99의 화학식은 권 교수가 쓴 논문 속 화학식과 같기 때문에 앞으로의 특허 분쟁 문제에서 권 교수가 유리한 위치를 차지할 수도 있기 때문이다. LK-99가 초전도체가 아니더라도 새로운 신물질의 개발 방향은 어떻게 전환될지 모른다. 이 때문에 두 연구진의 갈등 역시 계속될 것으로 보인다.

더욱이 LK-99의 진위 논쟁도 여전히 진행 중이다. 검증위원회가 검증백서를 발표한 지 이틀이 지난 뒤, 권영완 교수는 검증백서를 전면으로 반박하고 나섰기 때문이다. 권 교수는 2023년 12월 15일 고려대학교에서 'LK-99 검증백서에 대한 구체적 반박' 기자간담회를 열어 상온 초전도체에 관한 입장을 밝혔다. 권 교수는 자신이 만든 상온 초전도체는 LK-99와 구분해서 불러야 한다며 'K직지'라고 이름 붙였다고 설명했다. 그는 자신이 만든 상온 초전도체는 실제 초전도성을 띤다며 2024년 2월까지 물질의 순도를 높이고 이론을 완성해 새로운 논문을 내겠다고 설명했다. 끝난 줄 알았던 LK-99 이슈에 다시 불을 지핀 것이다. 권 교수는 초전도체 검증 과정은 5개월 만에 결론이 날 수 없다며 한국초전도저온학회에서 낸 검증에 대한 부정적 견해를 밝히기도 했다.

　　LK-99의 초전도체 진위에 대한 연구는 과학계의 큰 주목을 받았다. 언론 미디어의 큰 관심은 대중들이 과학에 관심을 갖게 하는 계기가 됐고, 새로운 상온 초전도체 연구자들이 부상하는 기폭제가 됐다. LK-99의 진위를 밝히는 약 한 달 동안 전 세계 연구진들은 매일 같이 연구 결과를 발표하며, 과학계가 살아 있음을 보여줬다. 이는 과학의 본질을 보여주는 중요한 사례로 남을 것이다. 과학은 검증과 재현을 통해 발전하는 학문이기 때문이다.

　　수많은 고온 초전도체를 발견해 '고온 초전도체 사냥꾼'으로 불리는 미국 물리학자 베른트 마티아스가 만든 '초전도체를 찾는 여섯 가지 규칙' 중에는 '이론 물리학자를 멀리할 것(stay away from theorists)'이라는 규칙이 있다. 이 규칙은 이론의 틀을 부수고 새로운 아이디어를 맘껏 시도하는 실험 정신을 강조하는 것이라 생각된다. LK-99의 연구 또한 이러한 정신을 따르는 연구이다. 기존의 과학계가 정의한 이론을 깨고 자신만의 아이디어를 개진했기 때문이다. 상온상압 초전도체를 향한 과학적 논쟁은 앞으로도 계속될 것이다. 그 결론이 어떠하든 2023년 상온 초전도체 역사 타임라인의 큰 파도 속에 우리가 함께했다는 것만은 분명하다.

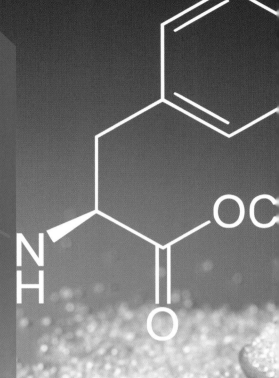

3

ISSUE 3 건강

아스파탐
논란

김청한

인하대학교 컴퓨터공학과를 졸업하고, 《파퓰러 사이언스》 한국판 기자
와 동아사이언스 콘텐츠사업팀 기자를 거쳤다. 음악, 영화, 사람, 음주,
운동처럼 세상을 즐겁게 해 주는 모든 것과 과학 사이의 흥미로운 연관
성에 주목하고 있으며, 최신 기술이 어떤 식으로 사람들의 삶을 변화시
키는지에 대해 관심이 많다. 지은 책으로는 『과학이슈 11 시리즈(공저)』
등이 있다.

RTAME

2023년 뒤흔든 유해성 논란, 아스파탐은 속이 탄다

"화인스위트 덕분에 마음껏 단맛을 즐기고 있어요."

약 40년 전인 1985년 한 식품회사 광고에 쓰인 문구다. 설탕처럼 부드러운 맛을 내주며 뒷맛이 깨끗하다, 칼로리가 거의 없어 다이어트에 좋다, 미 식품의약국(FDA)의 엄격한 시험결과 안정성이 인증됐다는 설명과 함께 에어로빅 의상을 입은 모델이 어색하게 웃고 있다. 화인스위트는 제일제당(현 CJ제일제당)이 국내 최초로 생산한 아스파탐 제품이다.

1985년 3월 식품첨가물로 공식 지정되고, 그해 4월 화인스위트가 등장하며 국내에서도 아스파탐 사용이 본격적으로 시작됐다. 1986년 2월에는 녹십자가, 1990년에는 미원(현 대상그룹)이 관련 제품을 출시하며 아스파탐 활용이 본격화됐다.

설탕보다 감미도가 200배 높은 인공 감미료 아스파탐은 주로 75%가 코카콜라, 펩시, 닥터페퍼 등 음료 회사들의 다이어트용 음료에 사용되고 있다. 나머지 20%는 가공식품, 5%는 가정에서 주로 소모된다(인공감미료 아스파탐의 안전성에 대한 검토, 한국소비자원). 음료나 과자에만 들어가는 것이 아니다. 매실액, 김치, 약, 건강기능식품처럼 단맛을 내는 먹을거리 상당수는 아스파탐을 활용하고 있다. 국내에선 현재 품목제조보고가 된 식품(약 86만 건) 중 3995개 품목에 아스파탐이 들어간다. 비율로 보면 전체의 0.47% 수준이다(2022년 기준, 식품의약품안전처 통계).

━━● 인공 감미료와 유해성 논란, 오래되고 질긴 악연

최근 아스파탐이 뜨거운 감자로 떠올랐다. 2023년 7월 14일 세계보건기구(WHO) 산하 암연구기관인 국제암연구소(IARC)가 아스파탐을 '인

체 발암가능물질'로 분류하면서다. 제로칼로리 음료가 한창 인기를 끌 즈음 주원료 중 하나가 논란에 휩싸이면서, 2023년 하반기 대한민국에선 치열한 건강 논쟁이 벌어졌다. 대체 진실은 무엇일까?

논란의 진위 여부를 따지기 전에, 먼저 알아야 할 역사가 있다. 아스파탐, 정확히는 인공 감미료와 인체 유해성 논란은 사실 오래되고도 질긴 인연이라는 점이다. 환경에 대한 관심이 부쩍 늘어난 1970년대 미국을 중심으로, 본격적으로 점화된 화학물질 안정성 논란이 그 시작이라 할 수 있다. 대표적인 것이 아스파탐의 대선배인 사카린(무려 130여 년 전인 1895년 특허 등록됐다!)이 암을 일으킨다는 소문이다.

당시로선 근거 없는 논란은 아니었다. 1977년 캐나다 국립 보건방어 연구소에서 실험 쥐를 대상으로 고농도 사카린을 섭취시킨 결과, 실제 방광암이 유발됐다는 보고가 여러 차례 나왔다. 이에 미 식품의약국은 즉시 '사카린 사용을 전면 금지해야 한다'는 의견을 제시했으나, 곧 엄청난 항의에 시달렸다. 사카린 사용은 정당하다는 청원이 끊임없이 이어졌기 때문이다. 당시 미 식품의약국이 받은 청원서는 약 10만 통, 미국 의회에 접수된 청원서는 무려 100만 통에 이르렀다고 한다.

비만과의 전쟁을 벌이고 있던 미국인들에게 저칼로리로 단맛을 내는 사카린은 결코 버릴 수 없는 무기였다. 결국 고민하던 미 의회는 사용을 금지하는 대신 사카린 사용 제품에 경고문을 표시하는 법안을 통과시켰다. 내용은 다음과 같다.

"USE OF THIS PRODUCT MAY BE HAZARDOUS TO YOUR HEALTH. THIS PRODUCT CONTAINS SACCHARIN WHICH HAS BEEN DETERMINED TO CAUSE CANCER IN LABORATORY ANIMALS."

요약하면, "이 제품은 '동물실험 결과 암을 유발하는 것으로 밝혀진' 사카린을 함유하고 있으니, 사용하면 건강을 해칠 수 있다"는 의미다. 판매는 허용됐지만, 사카린은 졸지에 발암물질이라는 누명을 쓰게 됐다. 미 환경보호청(EPA)은 사카린을 '인간 유해 물질' 명단에 등재했으며, 각국에서도 규제가 이어졌다. 국내에서는 1990년 4월 보건사회부가 젓갈, 김치, 소주 등 특정식품에만 사카린 사용을 사용하도록 했으며, 1992년 3월에는 그 범위를 대폭 축소시켰다.

오해를 풀기까진 20년이 넘는 시간이 지났다. 관련 연구가 꾸준히 이뤄지며 1977년 진행됐던 실험이 설계를 잘못했다는 사실이 드러났다. 실험 쥐에게 정도 이상의 사카린을 투여했기 때문에 현실성이 떨어진다는 지적이다. 사람으로 치면 사카린 함유 음료 '800개'를 '매일' 마셔야 하는 수준이었으며, 섭취가 아닌 주사로 직접 방광에 투여했다는 의혹마저 불거졌다. 인체에 무해하다는 물조차도 정도 이상(약 6리터)을 한 번에 섭취하면, 중독 증세를 일으켜 죽음을 유발할 수 있다. 결국 해당 실험은 유해성 실험의 기본인 적정량 투여를 무시한 것이 밝혀진 것이다.

결정적인 증거는 1996년 미국 비영리단체 아메리카헬스파운데이션에서 제시한 연구결과였다(Saccharin mechanistic data and risk assessment: urine composition, enhanced cell proliferation, and tumor promotion. J Whysner, G M Williams). 그에 따르면, 수컷 쥐의 방광은 수소이온 농도(pH)가 높다. 이 때문에 사카린이 특정 단백질과 쉽게 결합해 미세 결정을 만들고, 이 미세 결

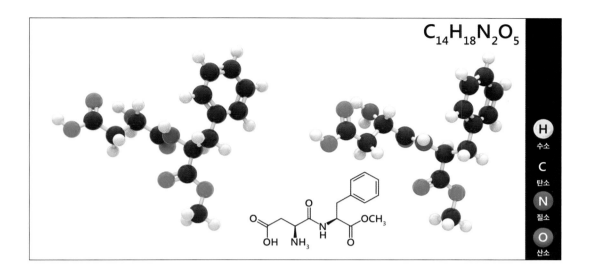

$C_{14}H_{18}N_2O_5$

H 수소
C 탄소
N 질소
O 산소

아스파탐의 분자 구조. 단맛 담당 미각세포의 G-단백질 연결 수용체에 결합해 단맛을 느끼게 한다.

정이 종양을 생성한다는 것이다. 반면 수소이온 농도가 상대적으로 낮은 사람의 방광에선 암이 생성되지 않는다.

그 결과 1999년 국제암연구소가 사카린의 안정성을 확인하고, 2000년 미 의회가 경고문 부착 관련 법안을 철회했다. 이듬해인 2001년에는 미 식품의약국이 사카린의 안전성을 공식 인정했다. 2010년 12월에는 미 환경보호청에서도 사카린을 '인간 유해 물질' 명단에서 삭제했다. 국내에선 2014년 12월부터 빵, 과자, 아이스크림 등 주요 식품에 사카린을 다시 사용할 수 있게 됐다.

아스파탐 역시 비슷한 과정을 겪고 있다. 가장 유명한 것은 사카린 논란과 비슷한 시기인 1975년 미 식품의약국이 '뇌종양을 유발한다'는 명목하에 아스파탐의 승인을 보류했다는 소문이다. 그러나 실제 아스파탐은 1974년 이미 식품첨가물로서 승인을 받았으며, 뇌종양 유발과 연관된 어떠한 신뢰성 있는 연구도 진행되지 않았다. 그러나 논란이 끊이지 않으며 실제 상용화는 1981년에야 이뤄지게 됐다.

또 하나의 논란은 다국적 기업 몬산토와 연관된 것이다. 이는 몬산토가 1990년대까지 아스파탐 제조법에 대한 특허를 보유했기 때문인데, 특히 미 식품의약국을 돈으로 매수했다는 소문이 많다. 하지만 이에 대한 확고한 물증이나 신뢰도 높은 증거는 제출된 적이 없다.

━○ 설탕과 열량 같은 아스파탐, 왜 다이어트에 유용할까

그런 면에서 최근의 아스파탐 논란은 오히려 누명을 벗을 좋은 기회가 될지 모른다. 우선 아스파탐이 대체 어떤 물질인지, 국제암연구소의 발표가 무슨 내용인지 꼼꼼하게 살펴보자.

많은 과학적 발견이 그러하듯이, 아스파탐 역시 우연의 산물이다. 1965년 미국 설 & 컴퍼니(G. D. Searle & Company) 소속 화학자 제임스 슐래터(James M. Schlatter)는 위궤양 치료제 연구에 한창이었다. 그러던 중 손을 씻지 않고 흰색 가루가 묻은 손으로 종이를 넘기다가 새로운 감미료를 발

● 아스파탐은 설탕의 200분의 1만 넣어도 단맛을 느끼게 만든다.

견하게 됐다. 침을 묻히기 위해 혀를 손에 댄 순간, 의외의 단맛을 느꼈기 때문이다. 그렇다면 이러한 아스파탐은 어떻게 단맛을 우리에게 주는 것일까?

우리가 맛을 느낄 수 있는 것은 혀, 구체적으로 말하면 혀에 있는 미뢰 덕분이다. 미뢰란 맛을 느끼는 미각세포가 모여 있는 매우 작은 구조를 말하며, 각각 다른 맛을 인지해 뇌에 신호를 전달한다. 특정한 분자 구조를 가진 음식이 미뢰에 닿으면, 해당 맛을 느끼는 미각세포의 수용체가 이를 인식하고, 뇌로 전기신호를 보내 맛을 인식하는 것이다.

그중에서도 단맛을 담당하는 미각세포에는 G-단백질 연결 수용체(GPCR)라는 부분이 존재한다. 이 G-단백질 수용체가 특정한 화학물질과 만나 결합되면 뉴런을 자극해 단맛을 느끼도록 한다. 이렇게 수용체와 같은 분자에 특이적으로 결합하는 화학물질을 리간드(ligand)라고 부른다.

우리 혀가 G-단백질 수용체의 리간드로 간주하는 대표적 물질이 수크로스, 즉 설탕이다. 그런데 꼭 설탕이 아니더라도, G-단백질에 대응하는 특정 구조만 갖고 있다면 우리 혀는 리간드로 간주해 단맛을 느끼게 할 수 있다. 특히 아스파탐과 같은 인공 감미료는 감미도가 설탕보다 아주 높은데, 이는 아주 적은 양으로도 '단맛을 느끼도록' 뇌를 자극한다는 의미다.

오해하지 말아야 할 것은, 감미도는 '맛의 강도'를 의미하는 것이 아니라는 점이다. 즉 아스파탐의 감미도가 설탕의 200배라고 해서 200배나 더 달지는 않다. 다만 설탕의 200분의 1만 넣어도 '달다는 느낌'을 뇌로 전달할 수 있게 만든다. 이 때문에 (오해와는 달리) 실제 설탕과 아스파탐의 열량(칼로리)은 동일(4kcal/g)하지만, 실질적으로 사용되는 양이 압도적으로 적기에 전체 음식의 칼로리 역시 크게 낮아지는 것이다.

━● 아스파탐 유해성, 김치·스마트폰과 동일한 수준

아스파탐이 단맛을 내는(느끼게 하는) 원리를 살펴봤으니, 그다음에는 유해성 진위 여부를 알아보자. 최근 국제암연구소는 아스파탐을 발암가능물질 분류 중 2B군(인체 발암가능물질)으로 등록했다. 정확한 유해성을

건강에 대한 관심이
높아지면서, 제로슈거 음료가
최근 많은 인기를 얻고 있다.
이번 아스파탐 논란이 유독
뜨거웠던 이유다.
ⓒ롯데칠성음료

알아보려면, 이 발암가능물질 리스트가 어떤 의미인지를 먼저 확인해야
한다.

국제암연구소는 각종 역학연구, 동물실험, 전문가 의견을 바탕으로 약
1100종의 발암가능물질을 등록했으며, 이를 크게 5가지 등급으로 분류하
고 있다. 아스파탐이 도마 위에 오른 것도 인공 감미료로는 유일하게 이 발
암가능물질 리스트에 등록됐기 때문이다(사카린의 경우 1987년 2B군으로
분류됐다가 1999년 3군으로 재분류됐다). '아무튼 인공 감미료는 위험한
것'이라는 기존 편견에 더해, 실제 발암가능물질 리스트에 등록됐다고 하니
시끄러워지는 것은 당연하다. 그러나 구체적으로 내용을 들여다보면, 아스
파탐의 위험성은 다소 과장됐음을 쉽게 알 수 있다.

해당 리스트에서 1군은 '확실한' 발암물질을 의미한다. 우리에게 잘
알려진 석면, 라돈, 벤젠처럼 위험하기 이를 데 없는 물질들이 많다. 그런데
잘 살펴보면, 의외로 우리 주변에서 쉽게 접하거나 심지어는 몸에 직접적으
로 섭취하는 물질들도 많다. 각종 흡연물질(4-(N-Nitrosomethylamino)-1-

(3-pyridyl)-1-butanone(NNK), N'-Nitrosonornicotine (NNN)), 술, 미세먼지는 물론 공장 굴뚝에서 나오는 검댕과 자외선까지 1군에 포함돼 있다. 심지어는 누구나 큰 경각심 없이 섭취하는 가공육(햄, 소시지, 베이컨), 젓갈도 확실한 발암물질로 분류됐다.

2A군은 '가능성이 높은' 발암물질이다. 동물실험에서는 암을 유발하는 것이 확인됐으나, 인체 발암성에 대한 증거는 제한되거나 불충분한 경우가 여기 속한다. 그런데 여기에도 의외로 우리에게 익숙한 명칭들이 보인다. 맛 좋은 적색육(소고기가 포함돼 있다)은 물론이고, 야간 교대 근무, 65°C 이상 뜨거운 음료, 고온의 튀김·튀김 조리 업무 등이 포진돼 있다. 약품을 많이 사용하는 미용 업무 역시 2A군에 해당한다.

2B군은 '가능성이 잠재적으로 의심되는' 발암물질이다. 동물실험으로 인한 증거, 인체 발암성에 대한 증거 모두 제한되거나 불충분한 경우다. 쉽게 말해 심증은 있되 물증은 부족한 상황이다. 2B군에는 이번 글의 주제인 아스파탐을 비롯해 절인 야채, 고사리 등이 포함된다. 여기에는 우리에게 좀 더 친숙한 명칭들도 등장한다. 현대인의 필수품이나 다름없는 커피가 25년간 속해 있었으며(2016년 제외), 스마트폰에서 나오는 전자파도 해당된다. 한국 식생활에 빼놓을 수 없는 김치도 있다. 한편 3군은 발암 여부가 정해지지 않은 경우, 4군은 아예 암과 무관한 것으로 추정되는 경우다.

━━○ 일일섭취한도량은 제로 콜라 55캔, 막걸리 75병

심증만으로 유죄를 내리는 것을 올바른 판결이라 할 수 없듯이, 2B군에 속한 물질들은 발암물질이라 하기엔 억울한 점이 많다. 유독 과하게 비난받는 아스파탐의 경우도 마찬가지다.

실제 식품첨가물전문가위원회(JECFA)는 국제암연구소의 발표 후에도 기존 아스파탐 일일섭취허용량인 '체중 1kg당 40mg'을 그대로 유지하기로 결정했다. 유럽식품안전청(EFSA)도 같은 기준이다. 이에 따르면 체중이 60kg인 성인의 아스파탐 일일섭취허용량은 2.4g이다. 아스파탐이 43mg

함유된 제로 콜라(250mL)는 하루 55캔, 아스파탐이 72.7mg 함유된 막걸리 (750mL)는 하루 33병 섭취해야 하는 양이다. 앞서 언급한 사카린 동물실험 과 같이, 극단적인 경우를 감안하지 않고선 사실상 나오기 힘든 수치라 할 수 있다.

실제 2019년 식품의약품안전처가 조사한 결과, 우리 국민의 아스파 탐 섭취량은 일일섭취허용량 대비 0.12%에 불과했다. 아스파탐 함유 식품 을 선호하는 극단 섭취자의 경우에도 일일섭취허용량 대비 3.31% 수준에 머물렀다.

심지어 일일섭취허용량의 기준은 생각보다 여유롭다. 해당 수치 이하 를 섭취할 경우 '평생' '매일' 먹어도 '유해하지 않을 것'이 기본 전제다. 통 계적으로 볼 때, 아스파탐이 인체에 유해할 것이라는 것은 의미 없는 논의에 불과하다.

또 하나 감안할 점은 국제암연구소와 식품첨가물전문가위원회의 차 이다. 국제암연구소의 조사분석은 '물질 자체의 암 발생 위험성을 확인'하는 기초적인 단계다. 즉 '얼마나 많은 양에 노출돼야 위험한지(위해성)'를 평가하지는 않는다는 의미다. 반면 식품첨가물전문가위원회는 실질적으로 '식품을 통해 아스파탐을 섭취했을 때 인체에 가해지는 위해성'을 평가하는 곳이다. 이 때문에 '있을 수도 있는 발암 가능성'을 따지는 국제암연구소 리스트보다 '위해성을 판단했을 때 이 정도까지는 섭취해도 괜찮다'라는 식품첨가물전문가위원회의 판단이 우리에게 더 실용적이다.

실제 식품첨가물전문가위원회는 각종 무작위 대조 시험(RCT), 역학 연구 데이터는 물론 아스파탐 소비와 암의 상관관계, 제2형 당뇨병(T2D), 생식 건강 손상, 신체적, 정신적 발달 장애 등 가능한 모든 건강 영향을 고려하고 위험 평가를 수행했다. 식품첨가물전문가위원회는 보고서(Summary of findings of the evaluation of aspartame at the International Agency for Research on

●
지난 7월 14일 세계보건기구(WHO), 국제암연구소(IARC), 식품첨가물전문가위원회가 공동으로 아스파탐이 건강에 미치는 영향에 대한 평가를 담은 보고서를 발표했다. 체중 1kg당 40mg이란 1일 섭취허용량을 재확인했다.
© WHO

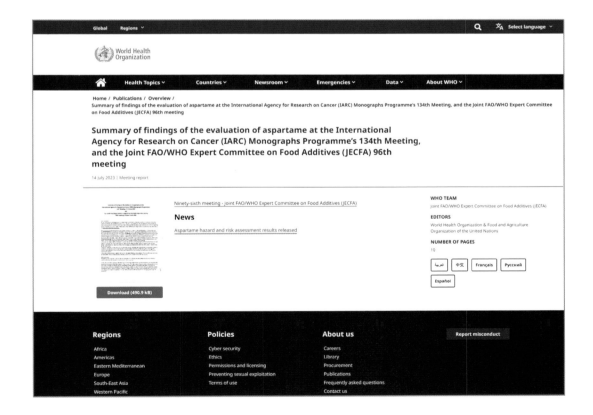

Cancer (IARC) Monographs Programme's 134th Meeting, 6–13 June 2023 and The JOINT FAO/WHO EXPERT COMMITTEE ON FOOD ADDITIVES (JECFA) 96th meeting, 27 June–6 July 2023)를 통해 '우리는 화학물질의 안전성을 평가할 때 이용 가능한 모든 데이터와 평가를 사용한다'며 현재 1일 섭취허용량을 변경하지 않은 근거를 제시했다.

━━○ 아스파탐, 인체 내에서 분해돼도 안전하다

식품첨가물전문가위원회 보고서에 따르면, 아스파탐은 위장관에서 페닐알라닌, 아스파트산, 메탄올로 완전 가수분해가 돼 체내 아스파탐의 양이 증가하지 않는다. 즉 이 세 성분의 안정성이 중요하다.

페닐알라닌은 필수아미노산 중 하나로 다른 아미노산 합성에 중요한 역할을 하는 성분이다. 필수아미노산이란 말은 우리 몸에 꼭 필요한 물질이지만, 인체에서 자연적으로 발생하지 않기에 음식 섭취로 얻어야 하는 성분이다. 페닐알라닌은 주로 시금치를 비롯해 계란, 닭고기, 두부, 쇠고기, 우유를 통해 얻는다. 최근에는 피부의 수분 유지에 효과를 보여 화장품 성분으로도 각광받고 있다.

다만 페닐케톤뇨증(PKU)이라는 유전질환을 앓고 있는 환자는 페닐알라닌을 주의해야 한다. 몸속에 들어온 페닐알라닌은 티로신, 도파민, 멜라닌처럼 우리 몸에 필요한 성분으로 분해되는데, 페닐케톤뇨증 환자는 페닐알라닌을 티로신으로 바꾸는 '페닐알라닌 수산화효소'가 부족해 이 과정에서 문제가 생긴다. 결국 페닐알라닌이 축적돼 뇌혈관장벽을 막게 되고 이로 인해 뇌로 가는 아미노산 공급이 줄어들어, 유아의 경우 지능 장애를 일으킬 수 있다. 다만 생후 1개월 내로 치료할 경우 지능 장애는 일어나지 않으며, 발생 빈도 역시 그렇게 높지 않다. 한국인의 경우 7~8만 명당 1명 수준이다.

일반적으로 페닐알라닌의 대사 산물인 페닐케톤은 소변으로 배출되며, 체내 문제를 일으키지 않는다. 오히려 페닐알라닌은 우리 몸에 필수적인 성분이기에 페닐케톤뇨증 환자도 어느 수준의 페닐알라닌 섭취는 필수다.

반대로 부족할 경우 발육 장애, 빈혈, 저단백혈증 등 결핍 현상이 나타난다.

역시 아미노산인 아스파트산은 아스파라긴을 생성하고 또 아스파라긴으로부터 생성되기에 '아스파라긴산'이란 표현으로 보통 익숙하다. 어디서 많이 접한 단어 같다면, 그게 맞다. 해장국, 숙취해소음료 등에 자주 등장하는 성분이다. 콩나물 해장국 특유의 시원함과도 약간의 연관이 있다. 다만 콩나물에 들어 있는 아스파트산 성분은 그다지 많지 않으며, 실제로는 콩이나 육류로부터 주로 섭취한다. 간 보호 외에도 피로와 우울증 완화 등에 큰 효능을 지니고 있다.

마지막 메탄올의 경우 약간의 위험성이 존재하는 것이 사실이다. 일반적으로 아스파탐의 10%는 메탄올로 분해되는데, 이는 산화를 통해 포름알데히드로 변환돼 체내에서 독성을 발휘한다. 포름알데히드 자체는 확실한 발암물질인 1군에 속한다. 그러나 그 양은 미미하며, 각종 규제기관에서 정

●
아스파탐의 주성분인
페닐알라닌은 두부를 비롯해
계란, 닭고기, 쇠고기, 우유를
통해 얻는 필수아미노산이다.
© pixabay

한 1일 섭취한도만 넘지 않으면 실제 유해성은 무시해도 좋을 수준이다. 제로음료를 '매일' '물 대신' 마시는 수준만 아니면 된다는 뜻이며, 막걸리의 경우 애초에 술의 유해성이 아스파탐을 까마득히 상회하기에 아스파탐의 유해성을 따지는 의미가 없다.

식품첨가물전문가위원회는 이에 더해 '아스파탐에 대한 경구 발암성 연구 12개를 꼼꼼히 검토한 결과, 모두 과학적으로 한계가 있었다'고 전하며 아스파탐 유해성이 과장되었음을 지적했다. 이러한 유해성 과장을 잘 드러내는 것이 2022년 3월 프랑스 연구진이 발표한 연구(Artificial sweeteners and cancer risk: Results from the nutrinet-sante population-based cohort study)다. 그에 따르면, 아스파탐을 평균 소비량 이상 섭취한 집단은 섭취하지 않은 대조군에 비해 유방암, 비만 관련 암 등의 발병률이 유의미하게 높아졌다고 한다. 국내 언론에서도 이에 대한 기사가 소개된 바 있다.

2009년부터 2021년까지 진행된 해당 연구는 대상 인원만 10만 2865명(인당 평균 추적관찰 기간 7.8년)에 해당하는 대규모 코호트 연구다. 대상 인원은 이 기간 동안 식사 일기를 기록했으며, 연구진을 이를 분석해 평균 이상 인공 감미료를 복용한 집단은 그렇지 않은 집단에 비해 암 발생 비율이 13%나 높았다고 밝혔다. 심지어 아스파탐은 이 비율이 15%에 달했다.

문제는 해당 연구에서 정확한 변수 통제가 이뤄졌는지 여부다. 좀 더 확실한 비교가 이뤄지기 위해선 다른 변수(식단, 생활방식, 스트레스, 운동 등)가 어느 정도 통제된 상황에서 인공 감미료 섭취 유무(혹은 섭취량)만을 달리해야 한다는 지적이다. 특히 평소 식단, 인공 감미료 섭취량에 대한 개인의 기억에 의지한 연구이기에, 과학적 엄밀성을 위해선 다양한 보완이 필수적이다.

결국 많은 나라들은 식품첨가물전문가위원회의 결정에 따라 기존 1일 한도섭취량을 유지하기로 했다. 이는 우리나라 식품의약품안전처 역시 마찬가지다. 다만 식품의약품안전처는 소비자 우려와 무설탕 음료의 인기 등을 고려해 감미료 전반에 대한 섭취량을 주기적으로 조사하겠다면서 필요시 기준·규격 재평가를 추진할 계획임을 밝혔다.

━━○ 맹신·불신 모두 금물… 단맛 의존도 낮춰야

이렇게 아스파탐의 안정성이 과학적으로 증명됐지만, 한번 불거진 논란은 여전하다. 이에 식품업계는 돌파구를 찾기 위해 수크랄로스, 아세설팜 칼륨 등 대체재 확보를 내세우며 탈 아스파탐 마케팅을 펼쳤다. 하지만 아스파탐은 해당 감미료들보다 더 많이 쓰이고 있고, 더 오래 논란을 빚어왔으며, 그에 따라 유해성 연구 역시 월등하게 많이 진행된 결과, 현재 안정성을 인정받았다. '뭔가 문제가 있으니 논란이 됐겠지'라는 인식만 제외하고 보면, 아스파탐이 다른 감미료로 바뀐다고 더 좋아질 이유는 없다.

1990년 인체발암물질 2B군으로 분류됐지만 2016년 새로운 연구를 바탕으로 제외된 커피의 경우를 생각해 보자. 종류를 떠나서 식품의 유해성 연구는 꾸준히 진행되고 있으며, 확실한 과학적 검증이 이뤄질 경우 바로 반영되고 있다. 어찌 보면 이번 아스파탐의 2B군 등록은 그만큼 꼼꼼한 검증이 이뤄지고 있다는 방증이기도 하다. 꼭 아스파탐이 아니더라도, 식품에 대한 유해성 논란에서 중요한 것은 명확한 팩트 체크와 연관성 확인이지 불분명한 의심이 아니다. 필요 이상으로 공포감을 자극하는 마케팅에 현혹되면 안 된다.

다만 아스파탐을 맹신할 필요는 없다. 전문가들은 과도한 인공 감미료 섭취에 대해서도 지적하고 있다. '어차피 칼로리가 낮으니 괜찮겠지'하는 마음으로 제로음료를 과다 섭취하다 '단맛 중독'에 빠질 수 있다는 뜻이다. 일상에서 스트레스를 받을 때 자연스럽게 단 음식이 생각난다면, 조심할 필요가 있다.

현대인은 왜 단맛을 좋아할까? 단맛을 느끼게 하는 포도당은 세포가 움직이는 데 필수적인 에너지원이고, 당연히 인간은 단맛을 좋아하도록 진화해 왔다. 덕분에 우리는 단 음식을 먹으면 뇌 내 쾌락 중추가 자극되고, 신경전달물질인 세로토닌이 분비돼 심리적 만족감을 얻는다. 문제는 이러한 행위가 반복되면 의존성이 높아지고, 심해지면 내성이 생기며 더 많은 단맛을 찾게 된다는 점이다. 경쟁 사회, 남녀노소 상관없이 스트레스에 노출된

현대인에게 단맛 중독은 더욱 확산되고 있다.

인공 감미료 식품은 단지 칼로리가 낮을 뿐, 이러한 문제를 해소시켜 주지 않는다. 오히려 '칼로리가 낮으니 괜찮다'라는 인식을 주어 단맛에 대한 경계심을 낮추기 마련이다. 특히 제로음료와 같이 섭취하는 음식 상당수가 햄버거, 피자 등 고열량 음식임을 감안한다면, 되려 비만을 부추길 우려가 있는 것이 사실이다. 이 때문에 세계보건기구(WHO)는 2023년 5월 '비당류감미료에 대한 새 지침'을 발표하며 '몸무게 조절이나 질병 위험을 줄이는 목적으로 비당류감미료를 사용하지 말라'고 권고하기도 했다. 2023년 7월 대한당뇨병학회 역시 의견서를 통해 비영양감미료의 고용량 또는 장기적 사용은 현시점에서는 권고되지 않는다고 밝혔다. 결국 단맛에 대한 의존 자체를 줄이는 것이 중요하다는 의미다. 아가베 시럽, 과일처럼 소위 '건강한 단맛'을 준다고 알려져 있는 식품도 마찬가지다.

결론적으로 단맛에 대한 과도한 욕구가 존재하는 한, 우리는 건강 이슈에서 자유로울 수 없다. 앞서 살펴봤듯이 인공 감미료에 대한 유해성 논쟁은 수십 년간 계속됐으며, 앞으로도 이어질 것이다. 지금껏 사카린과 아스파탐이 걸어온 길이고, 앞으로 수크랄로스, 아세설팜칼륨 등도 벗어날 수 없다. 이는 천연 당이라는 설탕, 스테비아도 마찬가지다.

아무리 좋은 음식도 과하면 독이 된다. 인류는 어느덧 영양 과잉 시대에 접어들었지만, 우리 몸은 배불리 먹는 것이 비일상이었던 원시시대와 크게 변하지 않았다. 아스파탐 첨가 제로콜라를 실제 콜라 대신 마시는 것보단 균형 잡힌 식사와 꾸준한 운동이 좀 더 건강해지는 길임을 잊지 말자.

4

고양이
가축화

강규태

포스텍 생명과학과를 졸업하고 서울대학교 과학사 및 과학철학 협동과
정에서 과학철학 석사학위를 받았다. 석사논문은 과학적 실재론 논쟁
에 대해 썼고, 현재 같은 과정의 박사과정에서 생명과학철학·심리철학
분야를 공부하고 있다. 생명과학이 인간의 마음에 대해 어떤 것을 알려
줄 수 있는지에 대해 관심을 갖고 있는데, 특히 생명과학에서 쓰이는 기
능 개념을 이용해 심적 상태의 지향성을 자연주의적으로 해명하는 이
론을 중점적으로 연구할 계획이다.

고양이는 언제부터 인간과 함께 살게 됐나?

고양이는 전 세계 어느 곳에서도 볼 수 있는 대표적인 반려동물 중 하나이다. 그런데 고양이는 언제부터 사람들 곁에서 살게 되었을까? 중국, 이집트, 이스라엘 등지에는 지금으로부터 5000년 전쯤에도 고양이가 사람과 함께 살았던 흔적이 남아 있다. 그런데 최근 세계의 집고양이 유전자를 분석해본 결과, 고양이가 처음 사람 곁에 살게 된 것은 기원전 약 1만 년경까지 거슬러 올라간다고 한다. 그렇다면 집고양이는 왜 사람들 곁에 살게 되었고, 그로 인해 야생 고양이와 어떻게 달라졌을까?

집고양이는 고양잇과 고양이속에 속하는 종

우리가 일반적으로 '고양이'라고 부르는 집고양이는 생물 분류학적으로는 고양잇과 고양이속에 속하는 종이다. 고양잇과는 고양이와 닮은 여러 포유동물이 속하는 큰 분류로서, 다시 고양이가 속하는 고양이속, 여러 종의 살쾡이가 속하는 살쾡이속, 표범·사자·호랑이 등이 속하는 표범속 등으로 나뉜다.

고양잇과의 동물들은 여러 가지 특징을 공통으로 가지고 있다. 우선 고양잇과의 동물들 전부가 육식동물이며, 탄수화물보다는 단백질을 위주로 먹기 때문에 단맛을 느끼지 못한다. 그리고 포유류에 속한 다른 육식동물들과 비교해보면 얼굴은 대체로 둥글게 생겼고, 입은 얼굴에서 튀어나오지 않았거나 짧은 편이다. 또한 눈 위, 뺨, 입 주변에 매우 민감한 수염이 나 있어 어둠 속에서 주변을 탐색하고 먹이를 잡는 데 도움이 된다. 앞발에는 다섯 개의 발가락이, 뒷발에는 네 개의 발가락이 있는데, 발가락 근육을 움직여서 의도적으로 발톱을 꺼내놓거나 숨겨놓을 수 있다.

집고양이는 고양잇과 중 고양이속에 속하는데, 고양이속에는 우리가 흔히 보는 집고양이(*Felis catus*)를 비롯해 들고양이(*Felis silvestris*), 아프리카들고양이(*Felis lybica*), 정글고양이(*Felis chaus*), 모래고양이(*Felis margarita*) 등이 속한다. 최근의 연구에 따르면 집고양이는 이 중에서 아프리카들고양이 일부가 인류와 함께 살게 되면서 갈라져 나온 종이다.

고양이속의 다른 종들은 대부분 집고양이와 매우 유사하게 생겼지만, 사람에게 길들여지지 않았기 때문에 사람을 대하는 방식이 매우 다르다. 집고양이는 어릴 때부터 사람의 손을 타면 사람과 가까워지며, 특히 많은 사람과 상호작용할수록 사람과 가까워질 가능성이 높아진다. 반면 고양이속의 다른 종들은 아주 어린 시절부터 사람 손에 길러져도 사람에게 예민하고 소극적으로 반응하는 경우가 많다. 집고양이는 오랜 세월 동안 많은 세대를 거쳐 사람과 함께 살면서 사람을 두려워하지 않고 친숙하게 여기는 방향으로 성격이 변화한 반면, 다른 종들은 사람과의 상호작용이 훨씬 적었기 때문이다.

집고양이가 사람과 가까이 지내는 성격에는 유전적인 요인이 영향을 끼치는 것으로 보인다. 부모 고양이가 사람을 좋아할수록 새끼고양이도 그런 경향이 있기 때문이다. 부모 고양이와 새끼고양이가 떨어져 지내는 경우에도 이런 경향이 나타나는 것으로 보아 이것은 부모 고양이의 양육 결과가 아닌 것으로 추정된다.

◀
고양잇과에 속하는 호랑이. 사진은 인도 칸하국립공원에 사는 암컷 벵골호랑이.
ⓒ wikipedia/Charles J. Sharp

▲
고양이속에 속하는 모래고양이. 사진은 덴마크 리파크 에벨토프 사파리에 사는 모래고양이.
ⓒ wikipedia/Malene Tyssen

어두운 곳에서 동체 시력 좋고, 가청 범위는 인간의 3배

고양이는 사람과 마찬가지로 시각·청각·후각 등의 감각을 사용하지만, 사람과는 다른 생활 환경에 적응했기 때문에 어떤 강점이 있는지가 각기 다르다. 먼저 시각에 대해 살펴보자. 고양이의 시각이 사람보다 뛰어날 것이라는 통념과는 달리 서로 어떤 상황에서 잘 볼 수 있는지가 다르다. 사실 색깔을 구별하는 데는 고양이보다 사람이 더 뛰어나다. 색깔은 눈에 있는 원뿔 모양의 세포인 원추세포에서 감지하는데, 사람 눈에는 파랑·노랑·빨강을 인지하는 원추세포가 모두 있지만, 고양이 눈에는 빨강을 인지하는 원추세포가 거의 없기 때문이다.

대신 고양이 눈에는 어두운 곳에서 빛을 감지하는 시각 세포인 간상세포가 인간보다 훨씬 많다. 그래서 고양이는 어두운 곳에서는 인간보다 훨씬 더 시력이 좋다. 그리고 고양이는 6m 밖의 먼 곳에 있는 물체를 잘 구별하지 못하고, 반대로 30cm만큼 아주 가까이 있는 물체 역시 초점이 잘 맞지 않아 잘 구별하지 못한다. 반면 고양이는 움직이는 물체를 감지하는 동체 시력이 인간보다 훨씬 뛰어나다. 종합하면, 고양이는 어두운 곳에서 빠르게 움직이는 작은 피식자를 사냥하는 데 적합한 시각을 가지고 있다고 할 수 있다.

청각도 마찬가지로 사람이 잘 들을 수 있는 소리와 고양이가 잘 들을 수 있는 소리가 다르다. 동물마다 들을 수 있는 소리의 높낮이 범위를 의미하는 가청 주파수가 다른데, 예를 들어 인간은 20Hz에서 2만 Hz(헤르츠(Hz)는 소리의 높낮이를 나타내는 단위로, 숫자가 클수록 소리가 높음을 의미한다)의 소리를 들을 수 있다. 이 범위보다 낮거나 높은 소리는 아무리 큰 소리여도 들을 수 없다. 인터넷상에서 올라오는 '어른들은 듣지 못하는 소리'는 바로 이런 특성을 이용한 것으로, 나이가 들면 높은 소리를 듣지 못하기 때문에 어른들은 이 소리를 아무리 크게 내도 들을 수 없다.

고양이는 60Hz에서 6만 5000Hz까지의 소리를 들을 수 있다. 낮은음은 인간보다 잘 듣지 못하지만, 대신 인간보다 훨씬 높은 음까지 들을 수 있어 전체 가청 범위는 3배가량이나 넓은 셈이다. 이렇게 높은음을 들을 수 있

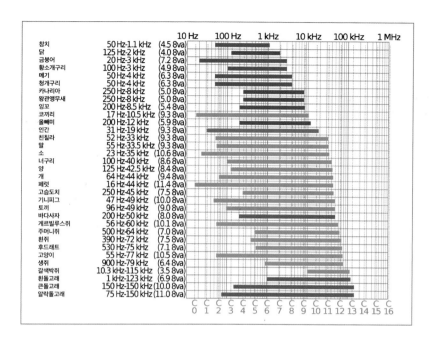

			10 Hz	100 Hz	1 kHz	10 kHz	100 kHz	1 MHz
참치	50 Hz-1.1 kHz	(4.5 8va)						
닭	125 Hz-2 kHz	(4.0 8va)						
금붕어	20 Hz-3 kHz	(7.2 8va)						
황소개구리	100 Hz-3 kHz	(4.9 8va)						
메기	50 Hz-4 kHz	(6.3 8va)						
청개구리	50 Hz-4 kHz	(6.3 8va)						
카나리아	250 Hz-8 kHz	(5.0 8va)						
왕관앵무새	250 Hz-8 kHz	(5.0 8va)						
잉꼬	200 Hz-8.5 kHz	(5.4 8va)						
코끼리	17 Hz-10.5 kHz	(9.3 8va)						
올뻬미	200 Hz-12 kHz	(5.9 8va)						
인간	31 Hz-19 kHz	(9.3 8va)						
친칠라	52 Hz-33 kHz	(9.3 8va)						
말	55 Hz-33.5 kHz	(9.3 8va)						
소	23 Hz-35 kHz	(10.6 8va)						
너구리	100 Hz-40 kHz	(8.6 8va)						
양	125 Hz-42.5 kHz	(8.4 8va)						
개	64 Hz-44 kHz	(9.4 8va)						
페럿	16 Hz-44 kHz	(11.4 8va)						
고슴도치	250 Hz-45 kHz	(7.5 8va)						
기니피그	47 Hz-49 kHz	(10.0 8va)						
토끼	96 Hz-49 kHz	(9.0 8va)						
바다사자	200 Hz-50 kHz	(8.0 8va)						
게르빌루스쥐	56 Hz-60 kHz	(10.1 8va)						
주머니쥐	500 Hz-64 kHz	(7.0 8va)						
흰쥐	390 Hz-72 kHz	(7.5 8va)						
후드래트	530 Hz-75 kHz	(7.1 8va)						
고양이	55 Hz-77 kHz	(10.5 8va)						
생쥐	900 Hz-79 kHz	(6.4 8va)						
갈색박쥐	10.3 kHz-115 kHz	(3.5 8va)						
흰돌고래	1 kHz-123 kHz	(6.9 8va)						
큰돌고래	150 Hz-150 kHz	(10.0 8va)						
알락돌고래	75 Hz-150 kHz	(11.0 8va)						

C C C C C C C C C C C C C C C C C
0 1 2 3 4 5 6 7 8 9 10 11 12 13 14 15 16

여러 동물들의 가청 주파수.
© wikipedia/Cmglee

는 덕분에 고양이는 쥐가 내는 소리나 새끼고양이가 내는 다양한 소리를 잘 감지한다. 그리고 얼마나 넓은 높낮이 범위의 소리를 들을 수 있느냐와 별개로, 고양이는 아주 작은 소리도 감지할 수 있고, 양쪽 귀를 180°까지 돌려서 소리가 어디에서 들려오는지 매우 정확하게 알아낼 수 있다.

⟶ 서비골 기관으로도 냄새 맡고, 단맛 대신 ATP 맛 감지

후각은 고양이가 사람보다 훨씬 뛰어난 것으로 보인다. 공기 중에 떠다니는 분자를 감지하여 냄새를 식별하는 조직인 후각 수용체가 고양이에게 훨씬 많기 때문이다. 사람에게는 약 500만 개의 후각 수용체가 있는데, 고양이에게는 그 40배에 달하는 약 2억 개의 후각 수용체가 있다. 그리고 고양이는 입천장에 서비골 기관이라는 후각 기관도 존재해서 코뿐만 아니라 이곳으로도 냄새를 맡는다. 코를 통해서는 주로 음식 냄새와 같이 일반적인 냄새를 맡고, 서비골 기관을 통해서는 영역이나 이성에 관한 정보 등 사회적

▲
고양이의 플레멘 반응.
놀라거나 화난 표정 같지만,
사실 입을 벌려 서비골
기관으로 냄새를 맡으려는
행동이다.

▶
개박하 냄새를 맡고 있는
고양이.

상호작용에 필요한 냄새를 주로 맡는다. 간혹 고양이가 머리를 치켜들고 앞니를 드러내며 입을 벌리는 행동을 할 때가 있는데, 이것을 '플레멘(flehmen, 윗니를 드러낸다는 뜻의 독일어) 반응'이라고 부르며, 바로 서비골 기관을 이용해 냄새를 맡으려는 행동이다.

특이하게도 고양이는 개박하(catnip)라는 여러해살이풀 냄새를 무척 좋아한다. 고양이가 개박하 냄새를 맡게 되면 마치 사람들이 술에 취해 기분이 좋을 때 보이는 반응처럼, 눈을 감고 개박하 향을 맡으며 뒹굴려고 한다. 고양이뿐만 아니라 표범이나 호랑이 같은 고양잇과 다른 동물들도 개박하에 비슷한 반응을 보인다. 이것은 개박하의 네페탈락톤(nepetalactone)이라는 성분 때문이다. 고양잇과 동물의 후각 수용체가 네페탈락톤에 노출되면 혈액에서 엔도르핀이 분비되어 고양이가 쾌감을 느끼게 된다. 이 성분은 모기를 쫓는 효과도 있다. 마찬가지로 네페탈락톤이 들어 있는 개다래나무나 키위나무 뿌리에도 고양이들이 비슷하게 반응한다. 단, 고양이 중 1/3 정도는 유전적인 영향으로 개박하에 아무런 반응을 보이지 않는다고 한다.

미각의 경우 사람과 고양이는 어떤 맛을 느낄 수 있는지가 다르다. 사람은 단맛, 신맛, 쓴맛, 짠맛, 감칠맛 다섯 가지 맛을 느낄 수 있는데, 고양이는 단맛을 느낄 수 없다. 단맛을 감지하기 위해서는 T1R2와 T1R3라는 두 단백질이 결합한 미각 수용체가 있어야 하는데, 고양이의 경우 T1R2에 대한 정보를 담고 있는 유전자가 손상되었기 때문이다.

사실 고양이가 단맛을 느끼지 못한다고 해도 별문제는 없다. 사람을 포함한 다른 동물들이 단맛을 느끼고 단맛이 나는 음식을 좋아하는 이유는 단맛이 주로 탄수화물 성분에서 나기 때문이다. 단맛을 좋아하는 동물들은 대개 탄수화물을 에너지원으로 사용하기 때문에 기회가 있을 때마다 단맛이 나는 음식을 섭취하고 싶어한다. 그런데 육식동물인 고양이는 주로 단백질로 이루어진 먹이를 먹기 때문에 탄수화물을 섭취할 필요성이 크지 않다.

대신 고양이는 생물 세포에서 에너지 저장용으로 쓰이는 분자인 아데노신3인산(ATP)을 미각으로 감지할 수 있다. 사람은 ATP를 감지하는 미각 수용체가 없기 때문에 이것이 무슨 맛인지는 상상도 할 수 없지만, 아마도 고양이는 사람이 느끼는 어떤 맛과도 다른 맛으로 느낄 것이다. 게다가 고양이는 먹이의 영양 구성을 파악하고 자신에게 필요한 균형 잡힌 먹이를 고르는 능력도 갖고 있는 것으로 보인다. 한 실험에 따르면 고양이에게 여러 가지 먹이를 주고 선택하게 했을 때 처음에는 맛있는 것을 먹었지만, 나중에는 단백질과 지방 비율이 균형을 이루도록 먹이별 비율을 스스로 조절했다고 한다.

━━◦ 인류와 함께 산 것은 기원전 1만 년경부터

아쉽게도 고양이가 어떤 과정을 거쳐 사람들과 함께 살게 되었는지에 대한 명확한 기록은 없다. 하지만 고대의 무덤, 그림, 조각품, 상형문자 기록 등을 통해서 인류가 수천 년 전부터 고양이와 함께 살았다는 점은 알 수 있다. 고대 이집트에서는 고양이와 관련된 유물이 많이 발견되었는데, 무려 기원전 1500년경의 유물에서도 고양이가 묘사되어 있을 정도이다. 특히 집 안에서 사람들의 무릎 위에 앉아 있는 그림을 통해서, 고양이가 단지 사람들의 주거지 근처에 사는 것을 넘어 집 안에도 살 수 있을 정도로 대우받고 있었음을 알 수 있다. 그리고 죽은 고양이를 정성스럽게 매장하거나 미라로 만들며 의식을 치른 경우도 있어서 고양이에 상당한 애정을 쏟고 있었다는 점도

▲
고대 이집트의 고양이 여신
바스테트 상.
© wikipedia/Kotofeij K. Bajun

▶
고대 이집트의 투트모세
왕세자를 매장한 석관에 새겨진
고양이 그림. 사진은 프랑스
발랑시엔 미술관에 전시된
모습이다.
© flickr/Larazoni

알 수 있다. 고대 이집트인들이 섬겼던 여러 신 중에 고양이 머리를 한 바스테트 여신이 있었다는 점도 고대 이집트에서 고양이의 위상이 어떠했는지를 잘 보여준다. 이런 유물로 인해, 기존에는 고양이가 처음으로 사람들 곁에 살게 된 것은 고대 이집트에서라는 설이 주류를 이루었다.

그런데 최근의 발견에 따르면 처음으로 고양이가 사람들과 함께 살게 된 시기는 그보다 몇천 년은 더 옛날로 거슬러 올라간다. 현재의 튀르키예 남쪽에 있는 키프로스 섬에서는 기원전 약 8000년경 만들어진 인간의 무덤 바로 곁에서 새끼고양이가 묻혀 있는 것이 발견되었다. 키프로스 섬에서는 원래 야생 고양이가 살지 않았으므로, 이 고양이는 이 무덤의 주인이 키프로스 섬으로 갈 때 데리고 간 것으로 보인다. 이것은 중동 지역 사람들이 고대 이집트인보다 수천 년 전에 고양이를 기르기 시작했음을 시사한다.

그리고 유전자 분석을 통해서도 고양이가 인류와 함께 산 것이 기원전 1만 년경부터라는 점이 더 명확히 밝혀졌다. 이 연구에 따르면 현대 집고양이는 중동 티그리스강과 유프라테스강 사이의 비옥한 초승달 지대에 살던 아프리카들고양이가 사람들에게 길들여지면서 생겨났다. 과학자들은 아시아, 유럽, 아프리카의 집고양이의 유전자 샘플 2000여 개를 분석했는데, 그 결과에 따르면 집고양이 중 중동 지방 집고양이의 유전자가 아프리카들고양이의 유전자와 유사했고, 중동 지방에서 멀어질수록 그 유사성이 감소했다. 이는 집고양이가 아프리카들고양이에서 갈라져 나왔고 그 이후 사람들의 이동에 따라 전 세계로 퍼졌음을 시사한다.

　　또한 행동 분석 결과도 집고양이가 아프리카들고양이에서 갈라져 나왔다는 점을 뒷받침한다. 기존에는 집고양이가 아프리카들고양이가 아니라 유럽에 서식하는 들고양이에서 갈라져 나왔다고 여겨졌는데, 사실 집고양이와 들고양이 사이에는 상당한 행동 차이가 있다. 어린 시절부터 사람들 사이에서 길러지면 사람들을 무척 친근하게

유전자 분석 연구에 따르면, 현대 집고양이가 중동의 비옥한 초승달 지역에 살던 아프리카들고양이가 사람에게 길들여지며 생겨났다.

▼

집고양이의 기원인 아프리카들고양이.
© wikipedia/Vassil

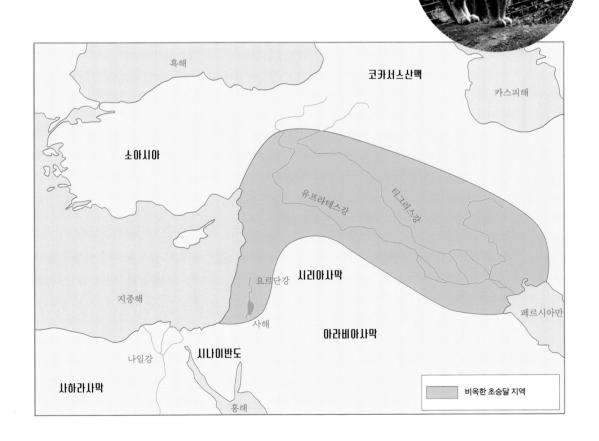

79

여기는 집고양이와 달리, 들고양이는 아주 어렸을 때부터 사람들 사이에서 길러져도 사람들에게 매우 예민하게 반응하는 경향이 있다. 이러한 행동의 차이는 집고양이와 들고양이의 행동이 유전적 차이에서 기인한다는 점을 시사한다.

한편, 중동 이외 지역에서도 인류가 고양잇과 동물과 함께 살았던 흔적이 발견되기도 하는데, 이런 동물들은 현대의 집고양이와는 다른 종으로 밝혀졌다. 중국에서 발견된, 기원전 약 3300년경에 사람들과 함께 살았던 고양잇과 동물의 유골은 분석 결과 아프리카들고양이가 아니라 살쾡이로 밝혀졌다. 살쾡이도 고양잇과의 소형 육식동물로 생김새와 야생에서의 습성 등이 고양이와 매우 유사하지만, 생물 분류 체계상 속 단위에서 다르다. 집고양이는 고양잇과 고양이속의 한 종이지만, 살쾡이는 고양잇과 살쾡이속에 속한다. 비유하자면 사람과 침팬지의 차이와 유사하다고 할 수 있다. 현대 중국의 고양이는 모두 아프리카들고양이에서 분화된 집고양이인 것으로 볼 때, 살쾡이가 고양이처럼 완전히 길들여지지는 않았던 것으로 보인다. 아프리카들고양이가 중동 지역에서 길들여져 집고양이가 된 이후 중국에 전해져, 완전히 길들여지지 않았던 살쾡이의 역할을 대신했을 것이다. 이집트에서는 정글고양이도 길렀던 것으로 보이지만, 역시 이집트에 사는 현대 집고양이는 모두 아프리카들고양이에서 분화된 집고양이인 것으로 보아 정글고양이도 사람에게 완전히 길들여지지 않은 것으로 보인다.

그렇다면 집고양이는 왜 사람들에게 길들여졌을까? 아마도 초기에는 고양이가 쥐를 잡는 본능이 있기 때문이었을 것이다. 사람이 농사를 시작하고 한곳에 정착해 생활하면서 여분의 작물을 창고 등의 장소에 저장하게 되었는데, 이를 노리고 쥐가 모여들기 시작했다. 그러자 자연스럽게 그 쥐를 사냥하는 야생 고양이들도 사람들의 주거지 근처로 다가왔다. 이들 야생 고양이 중에서 사람에 대한 두려움이 덜하여 사람 주변에서 쥐를 잡는 고양이들이 번성하기 시작했다. 사람들 입장에서도 작물을 저장하는 데 고양이가 도움이 된다는 것을 깨달아 고양이들이 가까이 다가올 수 있게 했다. 때로는 농부들이 사람을 잘 따르는 고양이들을 직접 키웠을 수도 있다. 이런 이유로 사람 가까이 있는 것을 꺼리지 않는 성격의 고양이들이 먹잇감을 충분히 찾을 수 있었고 사람의 보호도 받으며 생존과 번식에 성공했다. 이처럼 농작물을 보호하고자 하는 사람들과 먹잇감을 충분히 찾고자 하는 고양이의 이해관계가 맞아떨어지면서 사람과 고양이의 공존이 시작된 것이다. 그리고 사람과의 상호작용으로 야생 고양이의 모습과 습성이 변화하면서 집고양이라는 새로운 종이 탄생한 것이다.

━━○ 사람과 살면서 털 색깔과 무늬 다양해져

지금까지 살펴봤듯 집고양이는 아프리카들고양이가 사람과 함께 살면서 탄생한 새로운 종이다. 그래서 집고양이는 아프리카들고양이와 신체적으로나 행동적으로나 여러 가지가 달라졌다. 집고양이는 아프리카들고양이보다 창자가 긴데, 이는 조리되거나 가공된 사료를 소화시키기 위한 것으로 보인다. 그리고 집고양이의 뇌는 아프리카들고양이보다 작은데, 이것은 인간에게 길들여진 다른 동물에게도 나타나는 특징이다. 인간의 보호를 받으면서 야생에서의 위협이 크게 줄어서 공포 반응이 줄어들고, 이와 관련된 뇌세포의 수가 적어지기 때문이다.

집고양이가 생명의 위협을 덜 받으면서 나타난 또 하나의 특징은 털 색깔과 무늬의 다양성이다. 아프리카들고양이는 대부분의 개체가 갈색 바탕 털에 '매커럴(mackerel, 고등어란 뜻)'이라고 불리는 검은색 줄무늬를 가지고 있다. 줄무늬가 고등어의 등 무늬를 닮았기 때문이다. 이런 색깔과 무늬는 야생의 초원에서 은신하는 데 큰 도움을 준다. 포식자의 눈에 잘 띄지 않아 사냥당할 위험을 줄여주고, 사냥감에는 몰래 다가갈 수 있어 사냥의 성공률을 높여주는 것이다. 하지만 사람들에게 길들여진 고양이는 사람에게서 보호받고 쉽게 먹이를 얻을 수 있으므로 은신의 필요성이 많이 줄어들었다. 그래서 집고양이에게는 위장 무늬의 중요성이 그리 크지 않다. 또한 사람들이 집고양이를 단지 쥐를 잡기 위해서뿐만 아니라 반려동물로도 여기면서, 더 마음에 드는 색깔과 무늬를 가진 고양이를 키우기 시작했다. 고양이가 세대를 거듭하면 유전자에 변이가 생기면서 기존에는 없던 색깔과 무늬의 고양이가 태어나기도 한다. 이런 고양이들은 야생에서는 은신에 적합하지 않아 도태되는 경우가 많지만, 선호하는 사람이 있으면 계속 생존하고 자손을 낳으면서 변화된 색깔과 무늬가 다음 세대로 전달되는 것이다.

털 색깔과 무늬는 하나의 유전자만으로 결정되는 것은 아니고, 여러 유전자들이 복합적으로 작용하여 나타난다. 예를 들어 히말라얀 유전자는 고양이의 얼굴, 꼬리, 발 등을 짙은 색으로 만들며, 아구티 유전자는 줄무늬가 생기게 만든다. 블랙 유전자는 이름 그대로 검정 털을, KIT 유전자(화이트)는 두 개가 있을 경우 몸 전체를 하얗게 만들고, 하나만 있을 경우 흰색 얼룩을 만든다. 이 유전자들이 어떻게 조합되는지, 그리고 각 유전자들이 열성인지 우성인지 등에 따라 다양하고 복잡한 무늬가 나타난다.

특히 현대에 들어와서는 부모 고양이의 유전자 조합에 따라 자손 고양이의 색깔과 무늬가 어떻게 나타나는지에 대한 지식이 많이 축적되었다. 이에 따라 사람들은 원하는 색깔과 무늬를 가진 고양이들이 태어나도록 만들기 위해 부모 고양이를 선택적으로 교배시키고 다양한 고양이 품종들을 만들어냈다.

하지만 이러한 품종 개량은 다양한 문제점도 낳는다. 인기가 좋은 품종의 고양이가 태어나게 하기 위해 인위적으로 교배를 시키면, 털 색깔과 무늬와 관련된 유전자뿐만 아니라 병을 일으키는 유전자도 같이 전달되는 경우가 있다. 대표적인 예로 귀가 접혀 있는 인기 품종인 스코티시폴드는 연골이 약해 걸어 다니기 힘들어하고 심각하면 관절염으로 고생하는 경우가 많다. 아비시니안 고양이는 날렵해 보이는 외형과 활달한 성격 덕에 인기가 많지만, 비교적 이른 나이에 실명할 가능성이 높고 심장, 신장, 피부 등의 질환으로 인해 수명이 짧다. 눈동자가 파란 흰색 고양이 역시 인기가 있지만 청각 장애를 앓을 가능성이 높다. 이처럼 단지 사람 마음에 든다는 이유만으로 특정 품종만을 번식시킨다면 고양이들이 평생 큰 고통에 시달리는 삶을 살게 될 수도 있다.

사람에게 ·꾹꾹이· 하고, 사람의 손가락질도 이해

집고양이는 사람과 함께 살게 되면서 다른 고양이들과 의사소통을 할 때 사용하는 방식들을 사람과의 의사소통에도 이용하게 되었다. 특히 고양이의 꼬리를 보면 그 고양이가 어떤 기분인지 어느 정도 추측할 수 있는데, 고양이가 사람에게 다가오면서 꼬리를 세우고 있다면 보통 친근감의 표시이다. 또한 고양이가 자신이 좋아하는 사람에게 자신의 머리나 옆구리, 꼬리 등을 문지르는 경우도 많다. 혹은 흔히 '꾹꾹이'라고 부르는, 사람에게 앞발을 꾹꾹 누르는 행동 역시 기분이 무척 좋을 때 보여주기도 한다. 이것은 새끼고양이가 배고플 때 어미 고양이의 젖이 나오도록 어미 고양이를 누르는 행동에서 비롯된 것이다. 집고양이는 성체가 되어도 여전히 보호자로 여기는 사람에게 이런 행동을 한다.

고양이 하면 떠오르는 '야옹' 소리도 원래 어린 고양이들이 어미 고양이와 소통하기 위해 쓰는 소리이다. 집고양이들은 사람의 주목을 끌거나 무엇인가를 요구할 때 이런 소리를 내는데, 사람에게 길들여지지 않은 성체 고양이는 이런 소리를 거의 내지 않는다.

반대로 집고양이들도 사람의 몇 가지 반응을 이해한다. 우선 사람들의 목소리를 구별할 줄 알아서, 익숙한 사람의 목소리에 낯선 사람의 목소리보다 더 잘 반응을 한다. 그리고 고양이는 사람들의 표정도 어느 정도 이해해서, 웃고 있는 사람에게 찡그리고 있는 사람에게보다 더 친근하게 다가오는 경향이 있다고 한다. 또한 사람이 손가락을 통해 무언가를 가리키면, 손가락이 가리키는 방향에 관심을 끌 만한 무언가가 있을 것이라는 점을 이해한다.

특히 손가락 가리키기의 의도를 이해하는 것은 사람들에게는 자연스러운 일이지만, 다른 동물에게는 전혀 당연한 일이 아니다. 사람과 가까운 영장류도 사람의 의도를 잘 파악하지 못하고, 손가락으로 가리키는 방향이 아니라 손가락을 쳐다본다. 생물학적으로 같은 종인 개와 늑대는 이 점에서 흥미로운 비교 대상이다. 개는 사람의 손가락 가리키기를 이해하지만, 늑대는 다른 야생동물과 마찬가지로 이해하지 못한다. 이런 점을 고려하면, 집고양이가 사람의 손가락질을 이해할 수 있는 것은 사람들과 오랜 상호작용을 통한 학습 결과로 보인다.

━━○ 길고양이는 생태계에 악영향만 미칠까?

야생에 살던 고양이는 사람 곁에 살게 되면서 개체 수가 엄청나게 늘어났고, 원래 살지 않던 세계 곳곳에도 전파되었다. 특히 현대에 전 세계 인구가 폭발적으로 늘고 사람들의 생활 수준도 높아지면서 반려 고양이 개체 수도 크게 늘어났다. 그중 일부는 사람들에게서 독립하거나 유기되면서 '길고양이'가 되었다('길고양이'는 엄밀한 생물학 용어는 아니지만, 사람과 떨어져 실외에서 살고 있는 집고양이를 가리키는 말로 흔히 쓰인다). 길고양

길고양이들이 떼로 몰려 있다. 길고양이가 생태계에 미치는 영향은 복잡하다.

이는 도시에 무척 잘 적응하기 때문에 그 수가 점점 늘어나고 있어, 생태계에 끼치는 영향에 대해 세계 곳곳에서 우려의 목소리가 나오고 있다. 국내에서도 조류 관련 콘텐츠를 다루는 유명 유튜버와 길고양이를 적극적으로 돌봐야 한다는 여러 고양이 보호 단체 사이의 갈등이 온라인상에서 큰 화제가 된 바 있다. 그렇다면 이렇게 늘어난 길고양이들은 생태계에 어떤 영향을 끼칠까?

사실 고양이가 생태계에 끼치는 영향은 매우 복잡하다. 지역과 환경에 따라서 생태계를 파괴할 수도, 반대로 오히려 도움이 될 수도 있다. 고양이가 생태계에 피해를 입히는 대표적인 경우는 이미 생태계가 균형을 이루던 고립된 섬에 고양이가 유입될 때이다. 특히 고양이 이상의 상위 포식자가 없는 섬의 경우, 그 섬에서 균형을 이루며 자생하던 야생동물들 입장에서는 갑자기 최상위 포식자가 나타나 생존을 위협받게 된다. 반대로 고양이 입장에서는 더 상위의 포식자에게 위협당할 우려 없이 마음 놓고 사냥할 대상들이 있는 곳에서 빠르게 개체 수를 불릴 수 있게 된다. 게다가 고양이는 다른 야생동물에 비해 사람을 덜 무서워하기 때문에 먹이가 부족한 경우라도 사람들 근처로 와서 먹이를 구하며 번식할 수도 있다. 때로는 섬의 특정 동물들(쥐, 토끼 등)의 개체 수를 줄이기 위해 사람들이 일부러 고양이를 데려가는 경우도 있는데, 고양이는 그 동물만 사냥하는 것이 아니기 때문에 다른 야생동물들에게도 피해가 갈 수 있다. 반대로 쥐나 토끼 등이 이미 생태계를 교란시키고 있는 경우에는 고양이를 들여오는 것이 단기적으로는 도움이 될 가능성도 있다. 결국 그 지역의 생태계가 어떤 상태인지, 그 지역의 어떤 종이 고양이에게 위협받을 수 있는지 등을 종합적으로 고려해야 고양이가 끼칠 영향을 가늠할 수 있다.

고양이가 생태계를 교란시킬 가능성이 있는 또 다른 장소는 도시다. 도시에는 사람들만 많이 살고 야생동물은 드물다고 생각하기 쉽지만, 실제로는 도시에서도 우리 눈에 잘 띄지 않을 뿐이지 수많은 야생동물이 살고 있다. 특히 우리나라 도시들에는 곳곳에 산이 있고, 도심에도 다양한 넓이의 공원이 조성되어 있어서 사람들 눈에 안 띄게 살아가는 야생동물이 많이 있다. 우리나라 최대 도시인 서울에도 곤충 등 무척추동물을 제외하고서도 300종 이상의 야생동물이 살고 있으며, 심지어 수달·올빼미·구렁이 등 멸종위기종 49종과 소쩍새·원앙·황조롱이 등 천연기념물 11종도 살고 있다. 이처럼 도시에서도 고양이의 먹이가 될 만한 동물들은 곳곳에 존재하며, 도시의 길고양이가 멸종위기종이나 천연기념물을 위협할 가능성도 열려 있다.

또한 우리나라 도시는 길고양이가 개체 수를 늘려나가기에 상당히 좋은 환경이다. 우선 우리나라에서는 대형 육식동물이 대부분 자취를 감췄기 때문에 길고양이는 생태계 상위 포식자로 군림하면서 생존의 위협을 많이 받지 않는다. 게다가 고양이가 다른 동물에 비해 도시에서 생존하기 매우 유리하다는 점도 길고양이 개체 수가 늘어나는 데에 한몫한다. 도시에는 수많은 건물 사이사이 뒷골목이나 각종 구조물 틈처럼 고양이가 좋아하는 숨을 곳이 수없이 많다. 그리고 다른 동물에 비해 사람들에 대한 두려움이 적은 고양이 특성상 사람들이 제공해주는 먹이를 먹거나 적어도 음식 찌꺼기 등을 얻어 연명할 가능성이 다른 동물들에 비해 압도적으로 크다.

이러한 이유로 길고양이 개체 수가 크게 늘어나자, 우리나라의 전국 대도시들은 길고양이를 포획해 생식능력을 제거하고 방생하는 TNR(Trap-Neuter-Return, 포획-중성화-방생) 정책을 실시하고 있다. 길고양이의 번식을 막음으로써 장기적으로 개체 수를 줄여나가는 방법이다. 하지만 TNR이 충분한 효과가 있는지 확실하지 않다. 서울을 비롯한 대도시에서 TNR 시행 결과 길고양이 개체 수가 줄고 특히 새끼고양이가 적게 관찰되었다는 보고가 있는 한편, 이런 효과가 한정된 지역에서만 나타난다는 비판도 있다. 좁은 지역에서 TNR로 인해 일시적으로 개체 수가 줄어든다고 하더라도, 줄어든

TNR이 적용된 길고양이. 중성화 수술을 받았다는 의미로 왼쪽 귀 끝이 잘려져 있다.
ⓒ pixabay

만큼 새로 번식하거나 다른 지역에서 길고양이가 유입된다면 장기적으로는 효과가 없다는 뜻이다. 비판자들은 TNR이 효과를 발휘하기 위해서는 TNR 실시 지역을 격리하여 외부 길고양이의 유입을 막고 전체 개체의 70% 이상에게 실시하여 번식 속도를 크게 줄여야 하지만, 실제로는 이런 조치가 충분히 이루어지지 않는다고 주장한다.

이와 달리 길고양이가 도시 생태계에 유의미한 영향을 주고 있는지 의구심을 표하는 시선도 만만치 않다. 육상 야생동물이 차량 사고를 당하거나, 조류가 투명한 유리로 된 창문이나 방음벽에 충돌하는 데서 알 수 있듯이 도시에서는 야생동물의 생존이 길고양이 외에도 수없이 많은 요인에 위협받는다. 도시의 야생동물을 보호하기 위해 길고양이 개체 수를 줄이는 것보다 다른 조치를 취하는 것이 더 중요할 수도 있다는 의미다. 그리고 더 근본적인 문제는 도시 개발과 확장, 그리고 환경 오염으로 인한 야생동물 서식지 파괴일 것이다.

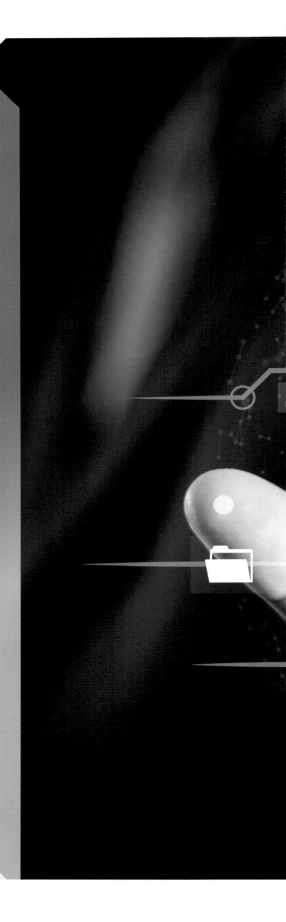

5

ISSUE 5 IT

사이버
보안 전쟁

박응서

고려대 화학과를 졸업하고, 과학기술학 협동과정에서 언론학 석사학위
를 받았다. 동아일보 《과학동아》에서 기자 생활을 시작했고, 동아사이
언스 eBiz팀과 온라인뉴스팀 팀장, 《수학동아》와 《어린이과학동아》 부
편집장, 머니투데이방송 선임기자, 브라보마이라이프 온라인뉴스팀장,
테크월드 편집장, 이뉴스투데이 IT과학부&생활경제부 부장, 이코노믹
리뷰 산업부 부국장을 역임했으며, 현재는 위키리크스한국에서 취재본
부 부국장을 맡고 있다. 지은 책으로는 『테크놀로지의 비밀찾기(공저)』,
『기초기술연구회 10년사(공저)』, 『지역 경쟁력의 씨앗을 만드는 일곱 빛
깔 무지개(공저)』, 『차세대 핵심인력양성을 위한 정보통신(공저)』, 『과학
이슈11 시리즈(공저)』 등이 있다.

누구도 무엇도 믿을 수 없는 '제로 트러스트' 시대

●
사이버 보안 사고는 해당
기업은 물론 투자자에게 중대한
영향을 미칠 수 있다.

최근 해커들이 자신들의 이익을 위해 정부 규정을 악용하는 새로운 사례가 등장했다. 미국 증권거래위원회(SEC)가 2023년 12월 15일 보안과 관련해 중대한 위반 사항에 대한 보고를 의무화했는데, 이를 악용하는 경우다. 일부 기업에서는 해킹됐을 때 해당 사실이 알려지는 걸 꺼리고 있어 이 보고를 제대로 이행하지 않을 수 있다. 이런 특성을 해커들이 기업을 협박하는 용도로 활용하는 셈이다.

랜섬웨어 범죄조직 블랙캣(BlackCat)이 2023년 11월 중순 금융기관에 디지털 대출 솔루션을 제공하는 메리디안링크(MeridianLink)를 데이터 유출 웹사이트에 공개했다. 자신들이 공격한 기업이 협상을 거부하는 자세를 보이자 해킹됐음을 대외적으로 알려 기업의 신뢰도를 떨어뜨리려는 조치였다. 더 나아가 블랙캣은 이 기업을 SEC에도 고발했다. SEC의 사이버 사고 보고가 의무화되기 전에 이미 이 규정을 악용하기 시작한 셈이다. 업계에서는 크래커들이 이런 고발을 일반적인 관행처럼 활용할 가능성이 높다고 분석했다.

최근 몇 년 동안 랜섬웨어 범죄조직은 해킹으로 훔친 데이터를 외부에 판매하거나 공개하겠다고 기업을 협박하며 돈을 갈취하고 있다. 일부 사이버 범죄 집단은 파일을 암호화하는 악성코드 배포 없이 데이터 유출 협박부터 했다. 데이터블리치스넷 보도에 따르면 블랙캣과 메리디안링크도 같은 사례. 블랙캣은 메리디안링크를 11월 7일에 해킹해 데이터를 훔쳐간 것으로 알려졌다.

블랙캣은 메리디안링크를 대표하는 누군가와 처음 통화한 뒤 연락이 끊겼다고 말했다. 메리디안링크와 더 이상 연락이 되지 않자 블랙캣은 11월 15일 데이터 유출 블로그에 메리디안링크를 공개했고, 더 나아가 SEC에 고발 조치까지 취했다. '고객 데이터 및 운영 정보를 손상시키는 중대한 침해'를 보고하지 않아 SEC 규정을 어겼다는 내용이다.

새로운 SEC 사이버 보안 보고 규칙에 따라 미국 주식시장에 상장한 기업은 회사의 재무 상태와 운영에 영향을 미치는 사이버 보안 사고가 발생해 중대한 영향을 미쳤다고 판단하면 영업일 기준 4일 이내에 이를 공개해야 한다. 2023년 7월에 이 규정을 채택할 때 SEC 게리 겐슬러 의장은 기업이 화재로 공장을 잃는 것처럼 사이버 보안 사고로 수백만 개의 파일을 잃는 것도 투자자에게 중대한 영향을 미칠 수 있는 사안이라고 뜻을 밝혔다.

2023년 10월 SEC는 '알려진 위험'을 공개하지 않고 회사의 사이버 보안 조치를 정확하게 설명하지 않아 투자자에게 정보를 제대로 제공하지 않은 혐의로 솔라윈즈와 솔라윈즈 CISO(정보보호 최고책임자)를 기소했다.

SEC에서는 그동안 보안과 관련해 어떤 사고가 중요한지 아닌지에 대한 판단 기준을 명확하게 제시하지는 않았다. 하지만 SEC가 솔라윈즈를 기소한 내용과 새로운 규정을 참고하면 기업이 사이버 보안 상황을 허위로 진술하면 책임을 져야 하고, 데이터 침해를 받았을 때도 보안 책임자 역할이 더 중요해졌다는 사실은 분명하다. 기업의 보안 문제가 투자자들의 관심과 주가 변동에 크게 영향을 줄 수 있게 됨에 따라 기업 대표와 관계자들도 보안 이슈를 수시로 점검해야 하는 상황이 발생할 것으로 보인다.

민간 보안업체에서 활동하는 한 전문가는 SEC와 비슷한 한국거래소에서도 국내 기업에 대해 같은 규정을 적용할 수도 있다면서 앞으로 기업의 보안 관리 의무가 그만큼 중요해질 것이라고 전망했다.

━━● 러시아와 우크라이나의 하이브리드 전쟁, 옹호 해커집단도 가담

이처럼 사이버 보안 이슈가 과거와는 다른 양상을 보이고 있다. 사이버 보안에 대해 무지했던 일부 개인이나 기업이 피해를 보고 끝나는 수준을 넘어, 잘 아는 전문가라고 해도 언제 어떻게 피해를 입을지 알기가 더 어려워지고 있다. 게다가 기업은 피해를 당했을 때 보안을 강화하는 수준을 넘어 피해 사실에 대한 공개 여부 등 행정적이고 법적인 부분까지도 빠르게 대처하지 않으면 더 큰 피해를 입을 수 있는 상황으로 변모하고 있다.

특히 최근에는 사이버 보안이 국가적인 분쟁으로 확대되면서 불법과 합법의 경계가 모호해지는 상황에까지 이르고 있다. 보안전문가들은 특정 집단이나 국가 간에 분쟁이나 전쟁이 발생할 경우 사이버 보안이 물리적인 전쟁 못지않게 중요해질 것이라고 예상했는데, 실제 러시아와 우크라이나 전쟁에서 이 같은 전망이 사실로 드러났다.

2022년 러시아는 도네츠크 인민공화국과 루간스크 인민공화국을 독립국으로 승인한 뒤, 그해 2월 21일 동부 우크라이나 돈바스 지역에 러시아 군대를 파견해 주둔시켰다. 그리고 3일 뒤인 2월 24일 러시아가 우크라이나에 대해 전면적인 공격과 침략을 시작했다. 러시아의 블라디미르 푸틴 대통령은 우크라이나의 비무장, 돈바스 지역 내 러시아인 보호, 우크라이나의 북대서양 조약 기구·유럽 연합 가입 저지와 중립 유지를 목표로 한다며 우크

러시아-우크라이나 전쟁은
해킹을 비롯한 모든 수단을
동원하는 하이브리드 전쟁이다.

라이나 지역에서의 군사 작전을 선언했다. 이어 우크라이나의 수도 키이우
를 비롯한 우크라이나 전역으로 러시아 미사일을 발사했다. 이에 세계 각국
은 러시아를 규탄하고 우크라이나에 무기 지원과 인도적 지원을 하며 러시
아-우크라이나 전쟁이 2년 넘게 이어지고 있다.

러시아는 우크라이나 침공 이전부터 정치력과 경제력, 군사력, 기술력
처럼 국가 차원에서 할 수 있는 모든 수단을 이용해 '하이브리드 전쟁(hybrid
warfare)'을 수행하며 재래식 전력 외에 심리전과 사이버전, 미디어전 등을
통해 복합전쟁의 전형을 보여줬다. 하이브리드 전쟁은 군사적 수단을 활용
하는 기존의 전쟁 형태에서 비군사적 수단의 공격기법을 활용해 전쟁 상대
국의 혼란과 불안을 야기시키는 복합전쟁을 의미한다.

러시아는 전면 침공 전에 우크라이나에 대해 디도스 공격, 자료 소거
형 악성코드 공격 등 대규모 사이버 공격을 감행해 정부기관망과 위성, 광
역통신망 등을 장시간 무력화시켰다. 또 전력과 원자력발전 시스템을 공격
해 우크라이나 군사지휘통제시스템 등을 교란했다. 이어 사이버 공간에서
가짜뉴스와 흑색선전을 펼치며 우크라이나 국민들에게 전쟁에 대한 공포를
심어주고 사회적인 교란을 시도하는 전형적인 사이버 심리전을 펼쳤다. 러

시아는 2008년 조지아 침공과 2014년 크림반도 합병 때도 재래식 군사 작전과 함께 사이버전, 심리전 등을 결합한 하이브리드 전술을 구사한 것으로 알려졌다.

러시아는 우크라이나와 전쟁을 시작하기에 앞서 공포 분위기를 조성하려고 2022년 1월 우크라이나 정부와 기관 등 70개 곳의 홈페이지를 해킹했다. 그러면서 해킹한 홈페이지에 '두려워하고 최악의 상황을 대비하라(Be afraid and wait for the worst)!'라는 문구를 게재하며 우크라이나가 러시아와 싸우면 더 큰 손해를 입을 수 있으니 대항을 빨리 포기하는 게 낫다는 식으로 심리전을 펼쳤다.

또 러시아는 우크라이나 정부와 관련 기관 종사자 개인정보도 훔쳤다. 그리고 이렇게 확보한 e메일에 협박 내용 등을 담아 전송했다. 아울러 해킹한 우크라이나 정부와 기관 홈페이지도 먹통으로 만들었다. 우크라이나 정부가 홈페이지를 통해 국민들에게 위기 상황 정보, 대처 방안 등을 알리지 못하도록 막은 것이다.

이와 별도로 인공지능(AI)으로 제작한 가짜 동영상을 활용한 선동도 이어졌다. 2022년 2월 사회관계망(SNS)인 트위터에 우크라이나의 볼로디미르 젤렌스키 대통령이 러시아에 항복을 선언하는 모습을 담은 딥페이크 영상이 널리 퍼졌다. 보통 사람들은 동영상을 그대로 믿는 경향이 강한데, 적지 않은 우크라이나 군인과 민간인이 전쟁 초기에 딥페이크 영상으로 혼란을 겪었다.

보통 사이버 전쟁이 발생하더라도 일반적으로 전쟁을 하는 당사자인 해당 국가만 참여한다. 그런데 러시아-우크라이나 전쟁에서는 러시아를 지지하는 해커집단과 우크라이나를 옹호하는 해커집단이 함께 참전하면서 기존 전쟁에서는 볼 수 없었던 독특한 양상이 나타났다.

러시아를 지지하는 해커그룹 중 콘티(Conti) 랜섬웨어 조직은 전쟁이 일어난 직후인 2022년 2월 26일 러시아 정부를 전적으로 지지하며, 러시아에 사이버 공격을 수행하는 누구든지 모든 수단을 동원해서 복수하겠다고 공식 발표문을 냈다. 이 같은 러시아 지지 해킹그룹에 대항하기 위해 우크라이나에서는 미하일로 페도로프 부총리가 트위터로 우크라이나 IT군대를 모집하는 글을 게재하면서 핵티비스트 그룹으로 유명한 '어나니머스'가 우크라이나를 지원하는 데 나섰다. 이처럼 다수의 해커그룹이 러시아-우크라이나 사이버 전쟁에 참전했다. 핵티비스트(hactivist)는 해커(hacker)와 행동가(activist)의 합성어로 인터넷에서 기존의 구태의연한 질서를 거부하거나 불의에 대항하는 일종의 행동주의자다. 이들은 현실 공간에서 구호를 외치거나 행진을 하는 고전적인 투쟁방법을 취하는 대신 가상공간에서 해킹을 하면서 자신들의 주장을 펼친다.

러시아는 국가 주도로 사이버전을 펼친 반면, 우크라이나는 러시아의 침공에 반대하는 자발적인 비국가 활동세력(non-state actor)이 함께하면서 더 광범위하게 러시아에 대한 사이버 공격이 벌어졌다. 이처럼 사이버전이 일반적인 전쟁과 다른 양상을 보여주면서 주목받고 있다. 특히 우리나라는 세계 5위의 해킹역량을 갖고 있다고 평가되는 북한과 마주하고 있어, 사이버 안보에 대한 대비가 더 절실하다. 북한은 매해 사이버 공간에서 전개하는 악의적 활동으로 세계의 주목을 끌고 있다.

우리나라 합동참모부 교범의 '합동 및 연합작전 군사 용어사전'에서는 사이버전을 컴퓨터 네트워크를 통해 디지털화된 정보가 유통되는 가상적인 공간에서 다양한 사이버 공격수단을 사용해 적의 정보체계를 교란·거부·통제·파괴하는 등의 공격과 이를 방어하는 활동이라고 정의하고 있다.

사이버전은 최소 비용으로 파괴적인 효과를 유발하기 때문에 정부기관에서 수행하는 것이 일반적이다. 하지만 민간 해커조직이 대행하는 경우도 일부 존재한다. 사이버전은 공격 성격에 따라서 크게 4가지 형태로 분류한다.

우선 사이버 타격전으로 악성코드를 유포해 목표로 한 타깃 서버나 컴퓨터를 마비시키거나 시스템을 파괴시킨다. 다음으로 스파이웨어나 트로이목마를 메일로 속여 전송한 뒤 상대방 컴퓨터를 감염시켜 은행이나 비트코인 계좌 또는 정부나 군사, 기업 비밀 정보 같은 주요 정보를 탈취하는 사이

전통적 전쟁	구분	사이버전
고비용	준비에 드는 비용	저비용
국지적	파급 범위	지구적(광역성)
쉽게 파악 가능	공격자	불분명(은닉, 익명성)
자국 자원 한정	활용 자원	민간 및 전 세계적 자원 활용 가능
명확	피아식별	불분명
물리적 한계가 존재	공격 속도	빠름
비교적 분명	전·평시 구분	불분명
비용에 비례	효과	비용대비 효과가 극대화

ⓒ 한국국방연구원, 주간국방논단 제1431호(12-40)

버 정보전이다. 이어 국가기반 시설이나 정부 주요 홈페이지를 마비시키는 물리연계전이 있다. 마지막으로 미디어에 접근해 여론을 조작하고 유언비어로 사람들을 속이며 국론 분열을 유도하는 사이버 심리전이다.

이 같은 사이버전은 기존의 전통적인 전쟁과는 매우 다른 양상을 보인다. 사이버전은 전통적인 전쟁과 비교해 공격과 방어가 순식간에 벌어진다. 악성 프로그램은 구매하는 비용이 미사일을 구매하고 발사하는 비용보다 상대적으로 훨씬 저렴하고 자체적으로 제작·수정할 수 있으며, 오픈소스도 활용할 수 있다. 또 한 가지 공격 방법으로 공공기관과 은행 등 다양한 기관이나 조직에 피해를 줄 수 있어 비용 대비 적용 범위가 광범위하다. 무엇보다 은밀하게 진행되기 때문에 전시와 평시에 대한 구분이 모호하다. 게다가 군인이 아닌 민간인 해커도 참전할 수 있고, 세계에 분산된 서버와 컴퓨터 자원을 활용할 수 있어 시간과 공간, 사람에 대한 제약이 매우 낮으며 공격자를 알아내기도 어렵다.

➡️ 첫 사이버전은 2007년 에스토니아 전산망 공격

컴퓨터 바이러스를 이용한 공격은 1990년대부터 시작됐다. 하지만 세계 보안 전문가들이 '사이버전'이라고 이름 붙인 첫 사례는 2007년 에스토니아 전산망 공격이다. 에스토니아 통신과 IT 기업, 공공기관, 대통령 웹사이트가 표적이 돼 에스토니아에 큰 사회적 혼란과 수천만 달러에 달하는 금전적인 피해를 입혔다. 당시 러시아가 배후로 추정됐으나 이를 밝혀내지 못해 배후가 없는 공격으로 정리됐다.

이후 러시아는 전쟁에서 사이버전을 계속 활용하고 있다. 2008년 조지아 침공 때 군사 작전에 앞서 해킹으로 조지아 주요 기관을 무력화하고, 전산망과 언론사, 포털까지 공격했다. 2014년 크림반도 침공 당시에는 러시아 정보조직인 정보총국(GRU) 등 정규 조직을 비롯해 민간의 유명 해커그룹까지 포함한 3~5만 명에 달하는 해커들이 우크라이나 중서부 지역에 대규모 정전사태를 일으켰다.

러시아는 러시아 정보총국(GRU)과 러시아 지지 세력이 주로 공격을 진행하며, 위스퍼게이트(WhisperGate), 액시드레인(AcidRain), 인더스트로이어2(Industroyer2), 캐디와이퍼(CaddyWiper) 같은 멀웨어 공격을 이용해 정부와 공공기관, 통신사, 은행, 미디어 등 대상을 다방면으로 확대해 공격했다. 멀웨어는 소유자의 허락 없이 컴퓨터 시스템에 침입하거나 시스템을 손상하기 위해 설계된 소프트웨어다. 러시아가 공격에 사용한 멀웨어는 상대적으로 오래 준비한 것으로 보이며, 러시아는 시스템을 무력화하는 파괴적인 특성에 개인정보 수집과 탈취, 심리전 활용 등 다양한 목적으로 멀웨어 공격을 시도했다.

이에 반해 우크라이나는 우크라이나 지지 세력이 주로 공격을 진행하며, 다방면으로 공격한 러시아와 달리 전쟁에 직접적인 관련성이 높은 일부 대상에 한정해 서비스 거부 공격, 홈페이지 해킹 같은 공격을 주로 진행했다. 특히 이들은 사이버전을 준비한 시간이 짧아 서비스 이용 불가 공격, 내부 데이터 탈취 같은 정보 수집형 공격 위주로 진행했다.

러시아의 대표 지지 세력으로는 샌드웜(SandWorm), 팬시브리어 APT(FancyBrear APT), 콘티(Conti)가 있으며, 우크라이나 대표 지지 세력으로는 국제 해커집단 어나니머스(Anonymous)가 있다. 이들 외에 러시아와 우

러시아	구분	우크라이나
러시아 해킹 집단과	주체	다수의 우크라이나 지지 세력
러시아 지지 세력		
공공, 통신사, 은행, 미디어 등 다방면	대상	공공, 통신사, 은행 일부
다양한 악성코드 공격, 랜섬웨어 이용	유형	디도스(DDoS) 공격, 홈페이지 해킹
장기	성격	단기
공격	형태	방어
시스템 파괴, 심리전 활용, 개인정보 수집 및 탈취	목적	서비스 이용 불가, 개인정보 수집
위스퍼게이트, 액시드레인, 인더스토리어2, 캐디와이퍼 등 오픈소스 사용	도구	지지 세력 자체 도구 사용

© 신우주, '우크라이나·러시아 전쟁으로 보는 사이버전 동향 및 대응방안', 이글루코퍼레이션, 일부 재구성

크라이나를 각각 지지한다고 의견을 밝힌 해커조직 정보는 해킹 관련 정보를 다루는 트위터 '사이버노우(CyberKnow)'에서 확인할 수 있다.

━━◦ 이스라엘과 팔레스타인 전쟁 속 사이버전

사이버전은 2023년 발생한 이스라엘과 팔레스타인 전쟁에서 비슷하면서도 다르게 나타났다. 고려대 임종인 석좌교수는 사이버전은 약소국의 핵무기라고 말한다면서 이스라엘과 팔레스타인 전쟁은 비대칭 전쟁으로, 하마스는 이스라엘에 비해 물리적으로 힘이 약하기 때문에 사이버전으로 전력을 보완하고 있는 것이라고 설명했다.

이스라엘과 팔레스타인의 전쟁이 본격화하면서 유명 핵티비스트들도 활동에 나섰다. 직접 참전하거나 자신들의 도구나 노하우를 서비스처럼 제공하며 다른 단체를 지원하는 방식을 선택했다. 정치적인 신념으로 참전하는 이들도 있지만, 전쟁을 장사의 기회로 참여하는 이들도 적지 않다는 것이 전문가들 분석이다.

이스라엘과 팔레스타인
전쟁에서도 사이버전이
전개되고 있다.
ⓒ pixabay

핵티비스트들은 디도스 공격을 주무기로 삼는다. 이스라엘이 하마스를 공습한 2023년 10월 7일과 8일 디도스 공격이 급증했다. 10월 7일에 하루 12억 6000만 건의 요청을 보내 표적을 마비시키는 디도스 공격이, 다음 날인 8일에는 3억 4600만 건 규모의 디도스 공격이 있었다. 디도스 공격(DDoS attack)은 분산 서비스 거부 공격(Distributed Denial of Service attack)을 줄인 말로 특정 서버(컴퓨터)나 네트워크 장비를 대상으로 많은 데이터를 발생시켜 장애를 일으키는 대표적인 서비스 거부 공격이다. 사실 디도스는 대학교 수강 신청, 아이돌 콘서트나 프로스포츠경기 티켓 예매처럼 많은 이용자가 한꺼번에 몰리는 경우도 포함해 디도스 공격과는 구분 지어야 한다.

마이크로소프트(MS)는 '디지털 방어 보고서 2023'에서 가자지구에 기반을 둔 스톰-1133 해커그룹을 추적한 결과를 공개했다. MS는 스톰-1133을 가자지구에서 사실상 통치권을 가지고 있는 수니파 무장세력 하마스를 위해 작전을 펼치는 해커단체로 추정했다. 스톰-1133은 이스라엘 인사관리자와 프로젝트 코디네이터, 소프트웨어개발자로 위장한 링크드인(Linked in) 계정을 활용했다. 이 계정으로 피싱 메세지를 보내고 정보를 수집하며 이스라엘 정부 기관에 악성코드를 유포하는 데 사용했다. 또 이들은 이스라엘 주요 기관에 침투하기 위해 해당 기관과 연관된 제3자 조직에도 침투하려고 시도했다. MS는 이들이 제3자 조직의 구글 드라이브에 호스팅된 명령 및 제어(C2) 인프라를 동적으로 업데이트할 수 있는 백도어를 배포하려고 했다고 분석했다.

━◦ 2023년 5대 보안 이슈, 다변화하는 랜섬웨어에서 새로운 금융생태계 공격까지

과학기술정보통신부와 한국인터넷진흥원(KISA)은 「2022년 사이버 보안 위협 분석과 2023년 사이버 보안 위협 전망」에서 2022년에 국가·사회 혼란을 일으키는 사이버 공격, 재택근무, 클라우드 전환 등 IT 환경 변화를 악용한 공격, 랜섬웨어, 디도스 공격의 사이버 보안 위협이 있었다고 분석했다. 이어 2023년에 사이버 보안 주요 위협으로 국가·산업 보안을 위협하는 글로벌 해킹 조직의 공격 증가, 재난과 장애 등 민감한 사회적 이슈를 악용한 사이버 공격 지속, 지능형 지속 공격 및 다중협박으로 무장한 랜섬웨어 진화, 디지털 시대 클라우드 전환에 따른 위협 증가, 갈수록 복잡해지는 기업의 소프트웨어(SW) 공급망과 위협 증가가 나타날 것이라고 전망한 바 있다.

이 같은 사이버 보안 위협 전망은 실제로도 비슷하게 발생한 것으로 확인됐다. SK쉴더스는 12월 5일에 연 '2024년 보안 위협 전망 및 대응 전략' 세미나에서 2023년 기업용 솔루션 취약점을 악용한 랜섬웨어 공격이 활발하게 발생했는데, 제조 분야에서 국내는 20%, 국외는 18%를 차지했다고 밝혔다. 또 개인을 노린 피싱과 큐싱 범죄, 이스라엘과 팔레스타인 전쟁 여파로 공공·정부기관을 겨냥한 핵티비즘 공격도 발생했다고 설명했다. 침해사고 유형별로 보면 중요정보 유출이 32.5%, 악성코드로 인한 피해가 31.4%를 차지할 정도로 높게 나타났다. 정보유출은 '초기 침투 전문브로커(IAB)' 활동으로 증가했고, 기업용 솔루션 취약점을 악용한 랜섬웨어 공격이 활발했다.

최근 몇 년 동안 보안 위협 부문에서 강세를 보이고 있는 랜섬웨어(ransomware)는 몸값을 뜻하는 영어단어 랜섬(ransom)과 소프트웨어(software)의 합성어로 사용자의 컴퓨터를 장악하거나 데이터를 암호화해 사용자가 이용할 수 없게 만드는 악성 프로그램이다. 암호화한 파일을 인질로 잡고 암호키를 주는 대신 금품을 요구한다. 서버부터 모바일 기기까지 모

든 운영체제에서 작동할 수 있어 위험성이 갈수록 커지고 있다. 가장 잘 알려진 랜섬웨어로 케르베르(Cerber), 크립토락커(CryptoLocker), 워너크라이(Wanna Cry)가 있다.

SK쉴더스의 EQST(Experts, Qualified Security Team) 전문가들은 2023년 보안 이슈를 다음과 같이 크게 5가지로 분류했다. 첫째, 다변화하는 랜섬웨어(Evolutive Ransomware)다. 소프트웨어 취약점을 악용한 제로데이 공격에서 해킹조직과 데이터복구 업체가 결탁한 사례까지 랜섬웨어 유형이 다양해지고 있다. 제로데이 공격은 개발자가 인지하지 못한 소프트웨어 취약점을 대상으로 하는 매우 위험한 공격기법으로, 특정 소프트웨어에서 아직 공표하지 않았거나 공표했지만 아직까지 패치하지 못한 보안 취약점을 이용한 해킹을 통칭한다.

둘째, 개방형 피싱 플랫폼으로 인한 공격 증가(Phishing platform with Darkweb)다. MS365 플랫폼을 표적으로 하는 서비스형 피싱 공격인 '그레이트니스(Greatness)'를 사용한 공격이 늘고, 사용자들의 방심을 노린 큐싱

최근 랜섬웨어 공격은 소프트웨어 취약점을 악용하는 방식에서 해킹조직과 데이터복구업체가 결탁하는 방식까지 다변화되고 있다.

(Qshing) 공격이 활발했다. 큐싱은 QR코드로 악성 앱 설치를 유도해 개인정보와 금융정보를 빼내는 수법이다.

셋째, 일상생활에서 떼어 놓을 수 없는 모바일기기(Advanced Mobile Application Threat) 이슈다. 멀티 서비스앱에서 사용하는 데이터를 노린 스파이웨어, 제로 클릭을 이용한 모바일기기 내 민감정보 탈취가 늘었다. 제로 클릭은 이용자가 링크나 첨부파일을 누르는 작용을 하지 않아도 기기에 침투할 수 있는 공격이다. 메시지나 이메일에 악성코드를 심어 기기 제조사조차 알지 못한 취약점을 활용해 일종의 '개구멍'을 만들어, 공격자는 이용자 기기의 메시지나 이메일을 자유롭게 확인하고 편집하고 삭제한다.

넷째, 제조 보안(OT/ICS)을 포함한 산업 전반에 걸친 무인화(IIoT(Industrial Internet of Things) Threat) 이슈다. 방화벽 취약점을 악용한 산업운영기술(OT) 및 산업제어시스템(ICS) 제어 공격과 이스라엘-팔레스타인 전쟁으로 인해 타깃이 된 주요 기반 시설에 대한 공격이 활발했다. 다섯째, 새로운 금융생태계 디파이(Defi) 공격 급증(DeFi, Smart Contract Attack)이다. 서로 다른 블록체인 네트워크인 '크로스 체인 브릿지'의 취약점을 이용한 자산 탈취와 딥페이크를 이용한 코인 출구 사기 기법이 득세했다.

특히 SK쉴더스는 스파이앱을 통한 모바일기기 탈취가 멀티서비스앱을 타깃으로 하는 경우와 제로 클릭을 이용하는 경우가 조금 차이 나게 진행된다고 설명했다. 먼저 멀티서비스앱은 안드로이드 OS가 설치된 스마트기기가 대상이다. 이들은 먼저 피싱 도메인을 만들어 정상 앱으로 위장한 스파이앱, 즉 악성 스파이앱을 내려받게 한다. 이어 스파이앱에 과도한 권한 요청을 허용하게 만든다. 이렇게 감염시킨 스마트폰에 설치된 멀웨어가 서비스앱의 결제 내역, 계정 정보 등 민감 정보를 공격자에게 발송한다.

또 제로 클릭 이용은 아이폰, 아이패드 같은 iOS를 사용하는 스마트기기가 대상이다. 이들은 iOS 블래스트패스(BLASTPASS) 취약점을 악용한 악성 이미지와 C2 서버를 만들고, 악성 이미지를 포함한 패스킷(Passkit) 파일을 아이메시지로 전송한다. 첨부파일이 자동실행되며 C&C 서버에 추가 스파이웨어를 요청한다. 감염된 아이폰이나 아이패드에 스파이웨어를 설치하

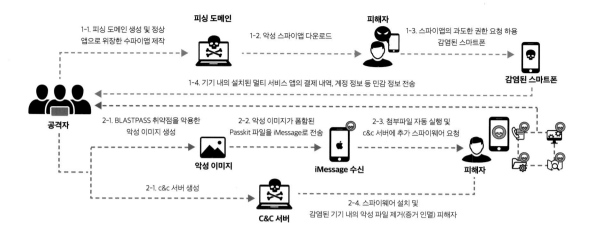

피싱 도메인

피해자

1-1. 피싱 도메인 생성 및 정상
앱으로 위장한 수파이앱 제작

1-2. 악성 스파이앱 다운로드

1-3. 스파이앱의 과도한 권한 요청 허용
감염된 스마트폰

감염된 스마트폰

1-4. 기기 내의 설치된 멀티 서비스 앱의 결제 내역, 계정 정보 등 민감 정보 전송

공격자

2-1. BLASTPASS 취약점을 악용한
악성 이미지 생성

2-2. 악성 이미지가 포함된
Passkit 파일을 iMessage로 전송

2-3. 첨부파일 자동 실행 및
c&c 서버에 추가 스파이웨어 요청

악성 이미지

iMessage 수신

피해자

2-1. c&c 서버 생성

C&C 서버

2-4. 스파이웨어 설치 및
감염된 기기 내의 악성 파일 제거(증거 인멸) 피해자

모바일기기를 공격해 탈취하는
2가지 시나리오.
ⓒSK쉴더스

고 감염된 기기 내 악성 파일을 없애 증거를 숨긴다. 이렇게 설치된 스파이웨어가 민감정보를 공격자에게 보낸다.

🔑 2024년 5대 보안 위협, AI 악용에서 클라우드 리소스 공격까지

2023년 주요 보안 이슈는 2024년에도 계속될 것으로 보인다. SK쉴더스 보안 전문가들은 2024년에 다음과 같은 5가지 보안 위협이 두드러지게 나타날 것이라고 전망했다. 첫 번째가 인공지능을 악용한 사이버 공격(AI-Powered Cyber Attacks)이다. AI를 활용한 사이버 공격이 정교화되고, 지능화한 피싱 전략이 나타날 것이라는 예상이다. 지금까지 받은 피싱 메일은 어색한 번역 투나 잘못된 말이 있어 메일을 꼼꼼하게 보면 쉽게 피싱 메일을 눈치챌 수 있다. 하지만 앞으로 챗GPT와 같은 생성형 AI가 피싱 메일을 준비해 보냄에 따라 사람이 직접 보내는 메일처럼 정교화돼 피해를 입는 사례가 더 늘어날 가능성이 높아진다는 분석이다.

두 번째는 제로데이를 악용한 전략 고도화(Ransomware takes 0-day)다. RMM 도구(시스템 원격 액세스 및 제어를 위한 모니터링 관리 도구)를 악용

103

한 공격이 증가하고, AI를 이용한 유포 방식이 진화하며 제로데이 악용 사례가 늘어난다. 모바일기기를 비롯한 스마트기기와 이들과 관계된 다양한 소프트웨어에는 개발자도 미처 확인하지 못한 허점이 존재할 가능성이 높다. 이런 허점을 찾기만 한다면 공격과 정보 탈취가 쉬워 이에 대한 공격이 더 가속화된다는 설명이다.

세 번째는 연쇄적인 공급망 공격(N-linked Supply Chain Attack)이다. 예를 들어 자동차 부품 분야라고 하면 관련 기업과 관계자들이 모두 같은 프로그램을 사용하기 때문에 해커가 한 사람의 컴퓨터(PC)에서 허점을 찾으면 같은 공급망 시스템을 이용하는 모든 이용자를 공격할 수 있다. 이를 통해 해당 공급망을 연쇄적으로 공격하는 N차 공격과 함께 주요 인프라를 노린 공급망 공격이 기승을 부릴 것이라는 예상이다.

네 번째는 다양한 형태의 자격 증명 탈취(IAM not yours)다. ID 액세스 관리(Identity Access Management, IAM)는 일반 기업이 직접 하기 어려워 보통 이를 대행하는 업체가 따로 있다. 그런데 이 업체나 관리자가 해킹될 위험성이 존재한다. 이들을 해킹해서 얻은 인증정보를 해커들이 다크웹에서 거래해 피해가 더 커질 수 있다.

마지막으로 타깃이 된 클라우드 리소스(Dark side of Cloud)다. 클라우드 채굴자(miner)를 이용한 가상화폐 채굴과 클라우드 기반 AI 자원(리소스)을 공략하는 공격자가 늘어날 것이라는 전망이다. 클라우드 서비스가 보편화되고 있으며 여기에 AI 연산 능력이 뛰어난 그래픽카드를 많이 쓰는데, 이같은 자원을 해커들이 공격해 가상화폐 채굴을 시키는 것과 같은 사적 이익 추구에 적극 나설 수 있다는 설명이다.

━━◦ '제로 트러스트 보안'을 위해

배달의민족, 요기요, 야놀자, 카카오모빌리티처럼 기존 오프라인 서비스를 온라인으로 이용할 수 있는 플랫폼이 대세다. 이는 곧 우리가 이용할 수 있는 모든 서비스가 해킹으로 인해 이용 불가 상태에 빠질 수도 있다는 것을 의미한다. 실제로 배달대행 플랫폼 '바로고'는 2022년 10월 디도스 공격을 받아 21시간가량 서버가 마비됐고, 바로고와 연계된 외식 자영업자들이 해당 기간 동안 배달에 차질을 겪었다. 이뿐 아니다. 콜택시 배차 시스템을 운영하는 업체가 해커들로부터 랜섬웨어 공격을 받아 강원도를 비롯해 전국 30여 개 지방자치단체에서 며칠 동안 택시 배차에 차질이 발생했다. 이처럼 이제 언제 어디서든 사이버 보안으로 인해 장애가 발생할 가능성이 커지고 있다. 이 같은 현상에 대응하기 위해 최근 아무도 무엇도 믿지 말라는 뜻을 가진 '제로 트러스트 보안' 개념이 뜨고 있다.

제로 트러스트는 사용자 또는 기기가 조직의 네트워크 내에 있더라도 기본적으로 신뢰해서는 안 된다는 아이디어를 바탕으로 조직을 보호하는 데 사용하는 보안 모델이다. 제로 트러스트 방식은 신뢰할 수 있는 경계뿐만 아니라 네트워크 전체에 엄격한 ID 인증 및 승인을 적용해 암시적 신뢰를 제거하는 것을 목표로 한다. 이 모델에서 리소스 액세스 요청은 검사, 인증, 확인이 끝날 때까지 신뢰할 수 없는 네트워크에서 오는 것으로 간주해 처리한다. 접근에 대한 요청을 안전하다고 확인할 때까지 계속 의심하며 보안을 최우선으로 처리하는 방식인 셈이다.

단독주택을 예로 들면 과거에는 주택을 둘러싼 담과 대문을 통해 외부 침입을 방어했다. 이곳에만 안전장치를 갖춰 여기서 이상 상황이 발생하면 해당 신호를 보안업체로 보내 집과 집 안 사람들을 보호했다. 하지만 담과 문에 이상이 있거나 다른 경로를 통해서 내부에 침투했을 때는 다른 보안 수단이 없어 무방비 상태가 된다. 이 같은 문제가 사이버 보안 시스템에서도 발생하고 있어 제로 트러스트 보안이 대두했다.

제로 트러스트 보안 모델은 글로벌 시장조사기관 '포레스터 리서치'의 존 킨더백(John Kindervag)이 2010년에 처음 제안했다. 이 방식은 주로 네트워크 경계에서 액세스를 보호하는 데 중점을 두고 내부의 모든 액세스 요청을 신뢰할 수 있다고 가정하는 기존의 IT 보안 모델을 한 단계 발전시켰다. 기존 접근 방식은 공격자가 네트워크에 액세스할 수 있는 경우 방어 수단을 제공하지 않았다. 내부로 침입한 공격자는 자유롭게 이동하면서 중요

한 데이터와 대상체(애셋)에 대한 액세스를 확장할 수 있다. 그런데 지금은 자원과 데이터가 분산돼 있어 과거처럼 관리하면 더 큰 문제가 발생할 수 있다.

하지만 제로 트러스트처럼 새롭게 등장한 개념이나 서비스는 아직까지 부족한 점이 많다. 제로 트러스트를 예로 들면 업계에서 표준화가 절실한데 언제쯤 표준화될지 미지수다. 예를 들면 창문 유형이 매우 다양하면 여기에 들어가는 유리와 자재도 다양해지고 복잡해진다. 물론 표준화를 하면 해당 형태에 최적화해서 준비나 대응이 수월해진다. 제로 트러스트도 유형이 너무 다양해 방어전략을 짜기가 매우 어렵다는 것이 전문가들 의견이다.

한 보안업계 관계자는 IAM, 마이크로세그먼트 등 유형이 너무 많다며

최근 들어 사이버 보안에는
제로 트러스트 보안 모델,
사이버 레질리언스 등이 새롭게
도입되고 있다.

국내에서 일부 제로 트러스트 보안 모델을 도입한 곳은 IAM을 조금 강화한 수준이라고 보면 된다고 밝혔다. 제로 트러스트도 표준화가 된 뒤에야 업계가 다양한 보안 솔루션을 내며 사이버 공간을 지키는 주요한 도구로 성장할 수 있다는 설명이다.

━●○ 사이버 보안에도 '사이버 레질리언스'란 면역체계 도입

최근 자동차 산업이 전기차 중심으로 급변하고 있다. 특히 전기차가 전자부품과 배터리를 중심으로 새로운 패러다임을 만들고 있다. 전기차 시장은 어느 정도 전자장치에 대한 이해만 있으면 어렵지 않게 뛰어들 수 있는

107

상황이다. 실제로 소니와 애플이 자동차 시장에 뛰어들었고, 삼성전자나 LG 전자도 마음만 먹으면 충분히 자동차를 만들 수 있는 시장 환경이 조성되고 있다. 그런데 이 같은 특성은 자동차가 전자제품으로 변모하면서 사이버 보안 위협에서 안전하지 못한 대상이 된다는 것을 의미한다. 특히 자율주행하는 전기차가 해킹되면 교통사고 발생 가능성이 크게 높아진다. 해킹으로 사람이 생명의 위협을 직접 받는 단계에까지 이른 셈이다. 이처럼 산업 시스템이 다양해짐에 따라 소프트웨어도 개발부터 운영, 유지보수까지 모든 단계가 복잡해지고 구성요소도 많아지고 있다. 이에 공급망에 직접적인 보안 위협을 줄이면서 위험성을 관리할 수 있는 체계로 만들어야 한다.

2022년 미국은 연방기관과 국가 기반 시설의 안전을 지키기 위해 SW 공급망 보안을 강화하는 행정명령을 발표했다. 이를 통해 중요 SW를 정의하고, 연방기관에 납품하는 SW 제품에 대해 구성요소 정보를 명기하는 SBOM(Software Bill of Materials) 제출을 의무화하고 있다. SBOM은 SW 패키지와 구성요소를 고유하게 식별하기 위한 메타데이터로 저작권과 라이선스처럼 SW에 대한 정보를 포함하는 공식 명세서다. 유럽연합(EU)도 공공서비스에서 SW 공급망을 강화하기 위해 FOSSEPS(Free and Open Source Software for European Public Services) 파일럿 프로젝트를 발표했다. 공공서비스에서 사용하고 있는 공개 SW 정보를 수집하고 중요도와 위험도가 높은 공개 SW 프로젝트를 선정해 별도로 보안을 향상하기 위해 지원하는 것을 목표로 한다. 세계의 이런 움직임을 참고하면 우리나라도 국가 차원에서 관련 제도와 법안 마련이 시급한 실정이다.

무엇보다 사이버 보안은 100% 완벽할 수 없다. 언제든 해킹될 수 있다는 사실을 유념해야 한다. 예측할 수 없는 사이버 보안 사고가 언제 어디서 발생할지 아무도 모른다. 즉 입구를 막고 버티는 방어전략을 넘어서, 언제 입구가 뚫리더라도 빠르게 대응하고 복원시켜 피해가 더 커지지 않도록 하는 효과적인 대응 시스템을 갖추는 것이 더 중요해질 수 있다.

이런 관점에서 나온 것이 사이버 레질리언스(cyber resilience) 개념이다. 사이버 레질리언스는 사이버 공격에 대한 면역력이다. 사람이 백신을 맞고 바이러스에 대항하는 능력을 기르듯이 같거나 비슷한 공격을 두 번 당하지 않도록 한 번 감염됐을 때 가볍게 앓고 넘어갈 수 있는 능력이다. 여기서 말하는 복원력은 회복하는 능력이 아니라 사이버 공격에 능동적으로 대응할 수 있는 역량으로 탐지와 대응, 회복 단계를 모두 포함한다. 즉 사이버 공격을 계속 당하지 않고 변화에도 대응할 수 있는 능력과 대응체계인 셈이다.

갈수록 사이버 보안 위협이 복잡해지고 다양해짐에 따라 보안업계도 다양한 보안 솔루션을 제시하고 있다. 하지만 사이버 보안은 공격보다 수비가 더 어려운 특성 때문에 여러 한계를 갖고 있다. 기업들도 보안을 중요하게 여기지 않다 보니 보안업체들도 연구개발에 적극적으로 나서고 있지 못한 실정이다. 기업을 넘어 개인에게도 이제 사이버 보안은 선택이 아니라 필수다. 기업과 정부가 사이버 보안의 중요성을 인지해 관련 기술 개발과 서비스 향상에 더 적극적으로 나서 사이버 공간이 더욱 안전해질 수 있기를 기대한다.

6

ISSUE 6 양자물리

양자기술 패권 경쟁

한상욱

한국과학기술원(KAIST) 전기및전자공학과를 졸업하고 동 대학원에서 이미지센서 회로설계 분야 박사 학위를 취득했다. (주)픽셀플러스, 삼성종합기술원을 거쳐 현재 KIST 양자정보연구단 단장으로 재직 중이다. 한국양자정보학회 대외협력 이사, 국가전략기술 특별위원회 위원, 국가과학기술자문회의 심의회의 ICT 융합전문위원회 위원 등 양자 기술 분야를 활성화하기 위한 다양한 활동을 하고 있다. 또한 양자 기술 분야에서 우수한 연구성과를 창출해 2021년 과학기술진흥 국무총리 표창, 2022년 유무선 네트워크 산업발전 장관 표창을 받았으며, 2022년 과총 주간 올해의 10대 과학기술 뉴스에 선정됐고, 2023년엔 출연연 우수 연구성과 장관 표창을 받고 기자가 뽑은 올해의 과학자상을 수상한 바 있다.

양자과학기술 어디까지 왔나?

미래에 양자컴퓨터가
탄생한다면 이런 모습일까.

불과 4~5년 전만 해도 주변에서 필자에게 직업(정부출연연구소 연구원)을 물어보고, 어떤 분야(양자과학기술)를 연구하는지 한 번 더 물어보는 사람을 만나면 갑자기 대화가 다른 주제로 넘어가곤 했다. 그런데 최근에는 양자컴퓨터가 무엇인지, 양자과학기술이 정말 세상을 바꿀 수 있는지 등등, 꼬리에 꼬리를 무는 질문들로 대화가 이어지곤 한다. 아직은 우리 삶에 본격적으로 스며들지 못했고, 양자 컴퓨터를 이용해 본 사람도 극히 드물다는 사실은 변함없는데, 무엇이 세상이 주목하는 기술로 양자 기술을 변화되게 만든 것일까?

━━● 세상이 주목하는 양자 기술

2018년 5월 11일 미국 남가주대학의 맥스 니키아스(C. L. Max Nikias) 총장은 미국 유력 매체인 《워싱턴 포스트》의 오피니언란에 눈길을 끄는 기고문을 발표했다. 그의 글 제목은 '우주기술 경쟁 이후 가장 중요한 기술 전쟁에서 미국은 지고 있다(This is the most important tech contest since the space race, and America is losing)'로, 이는 현재 전개 중인 양자과학기술의 중요성과 미국이 그 경쟁에서 뒤지고 있다는 내용을 강조하는 글이었다. 이 자극적인 제목의 기고문은 현재 양자과학기술 전쟁의 의미와 추세를 선명하게 드러내고 있다. 기고문은 다음과 같이 요약할 수 있다. '미국이 기술적 우위를 갖고 있는 것은 분명하다. 이 기술적 힘은 1960년과 1970년대의 미소 전략적 투자로 이어진 미소 우주기술 경쟁에서의 승리에서 비롯된 것이다. 그러나 미래 30~40년 동안의 기술적 우위를 좌우할 핵심 기술인 양자과학기술에서는 중국에 밀리고 있는 실정이다.'

세상이 양자과학기술에 주목하는 이유는 현재 보이는 모습이 아니라 미래 사회에서의 기술 가치 때문이다. 사실 양자물리학이 나온 지 100여 년이 지나면서 양자를 이용한 산업은 우리 삶에 녹아들어 있다. 양자물리학을 바탕으로 한 반도체 기술이 20세기와 21세기 초반의 인류 문명에 혁명적인 변화를 일으켰는데, 이러한 시기를 '1차 양자혁명'의 시대로 부를 수 있다. 이 양자혁명은 양자물리학의 원천적인 이론과 원리를 기반으로 한 기술적 발전이며, 특히 반도체 기술의 발전은 현대 기술과 산업의 중요한 토대를 제공하고 있다. 하지만 니키아스 총장이 언급한 양자과학기술은 단순히 양자물리학의 기본 이론과 원리를 이용하는 것만으로는 설명할 수 없다. 단순 원리 이용을 뛰어넘어 직관적인 이해가 어려운 중첩과 얽힘 같은 고차원적인 양자물리학적 현상을 더욱 자유롭게 활용하여 현재의 기술 한계를 극복하는 도구로 사용하는 것을 지칭한다. 이를 통해 단순히 현재의 컴퓨팅, 통신, 센싱 분야의 기술을 발전시키는 수준이 아니라 불가능했던 일들을 가능하게 만드는 혁신적인 수준의 변화를 불러일으키는 기술을 말하는 것이다.

1차 양자혁명과 2차 양자혁명

정보단위
0 또는 1 확정적
디지털 비트

정보단위
전류, 전압 등
연속적인 물리량

정보단위
1과 0 확률적(중첩 상태) 큐비트

아날로그
시대

디지털시대
(제1 양자혁명)

퀀텀시대
(제2 양자혁명)

응용 분야
TV   라디오   축음기 전화기

응용 분야
PC   인터넷 디지털 스마트폰
              음악

응용 분야
초고속   초신뢰   초정밀 양자기기
양자컴퓨터   양자인터넷   (센서, 계측)

21세기 2차 양자혁명
양자컴퓨터   양자통신   양자센싱

20세기
1차 양자혁명
양자역학
'파동-입자' 이중성 활용
레이저   태양전지   반도체
(유도방출)   (광전효과)   (양자 밴드갭)

© 「대한민국 양자과학기술 비전, 양자시대를 여는 우리의 도전과 전략」

최근 폭발적인 기술 발전에 힘입어 양자과학기술이 어떻게 사회를 변화시킬 수 있을지에 대한 미래상들이 나오고 있는데, 이를 '2차 양자혁명' 시대로 명명하고 있다.

'2차 양자혁명' 시대가 도래한다면 어떤 일들이 발생할 수 있을까? 먼저 현재 불가능하던 복잡하고 어려운 문제를 빠르고 정확하게 풀어낼 수 있다. 예를 들어 새로운 신소재, 신약을 개발할 때 원자들 사이의 복잡다단한 거동을 정확하게 모델링하고 계산하는 것이 현재 슈퍼컴퓨터로는 불가능하다. 만약 양자컴퓨터가 개발되어 활용된다면, 10년, 20년 걸리는 새로운 신소재, 신약 개발을 1년 안에 할 수 있는 방법이 제시될 것으로 기대된다. 다음으로 지식정보 사회에서 가장 중요한 안전한 정보전달, 그리고 효율적인 정보공유를 생각할 수 있다. 양자의 고유한 특성을 이용해서 지식을 안전하고 효율적으로 공유할 수 있는 양자통신이 이루어지면, 좀 더 적극적인 지식 교류를 통한 기술 발전은 물론 기술의 혜택을 좀 더 광범위하게 향유할 수 있을 것으로 예상된다. 인류는 그동안 아주 작은 신호들을 관측하기 위해 많은 노력을 경주해 왔다. 하지만 현재 과학기술의 한계 때문에 검출 가능한 미세 수준의 신호는 제한되어 왔다. 만약 병을 유발할 수 있는 유해 물질이 있을 때 나타나는, 지금은 관측이 불가능한 아주 작은 신호의 변화를 측정할 수 있다면, 만약 싱크홀이 있을 때와 없을 때의 아주 작은 신호의 차이를 검출할 수 있게 된다면 더 안전하고 행복한 일상을 가능하게 하는 사회를 만드는 데 기여할 수 있지 않을까 기대된다.

➖o 양자란 무엇일까?

양자에 대한 사전적 의미를 찾아보면 '에너지의 최소 단위', '불연속적인 물리량' 등으로 표현되곤 한다. '1차 양자혁명' 시대를 얘기할 땐 충분한 설명이 될 수 있는 정의이다. 의미를 좀 더 풀어보면, 원자 1개, 2개, 3개, 4개 등은 있을 수 있지만 1.2개, 1.3개 등은 있을 수 없다는 말이다. 즉, 아날로그처럼 연속적으로 표현되는 것이 아니라 디지털처럼 불연속적으로 표현되는 물리량이라는 뜻이다.

하지만 최근에 언급되는 '2차 양자혁명' 시대의 '양자'라는 키워드를 설명하려면 추가적인 설명이 필요하다. 이를 위해 일반적인 두 가지 오해를 해소하고 시작하고자 한다. 첫 번째 오해는 양자가 우주의 다른 쪽 끝에 있는 우리와 전혀 관계없는 어떤 것으로 생각하는 것이다. 그러나 우리 주변의 모든 것은 원자로 구성되어 있고, 이러한 원자들은 양자 역학의 법칙에 따라 행동하기 때문에 양자는 우리와 상관없이 먼 곳에만 존재하는 것이 아니라

● 양자역학에서 말하는 양자(量子)는 입자를 지칭하는 것이 아니라 양자 현상을 관측할 수 있는 작은 물리량을 뜻한다.

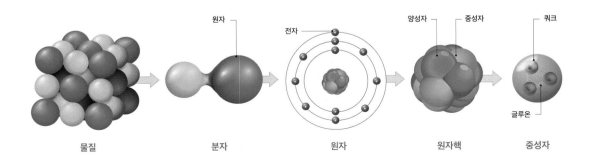

물질 　　　 분자 　　　 원자 　　　 원자핵 　　　 중성자

우리 주변에 항상 존재하는 현상이다. 두 번째 오해는 양자가 물리학자들이 쓸데없이 만들어낸 괴상한 새로운 '것'이라는 생각이다. 그러나 양자 역학은 미시 세계에서 반복적으로 나타나는 '현상'을 설명하기 위해 탄생한 것이며, 이러한 현상은 물리학자들이 괴상한 것을 만들어낸 것이 아니라 엄연히 자연에서 항상 일어나는 일이다.

그렇다면 어떤 현상에 주목해야 할까? 대표적인 양자 현상이 중첩과 얽힘이다. 중첩은 여러 상태가 함께, 동시에 공존한다는 현상이다. 예를 들어 관찰하기 전에는 어떤 공의 색깔이 동시에 빨간색과 파란색 특성을 모두 가지고 있다는 말이다. 속이 보이지 않는 주머니에 공을 넣어두고 어떤 색깔인지 확인하기 위해 공을 빼내기 전에는 두 가지 색깔이 될 수 있는 확률이 모두 있다는 뜻이다. 공을 빼내어 확인할 때가 되어서야, 비로소 빨간색 또는 파란색 둘 중에 하나의 색깔로 결정된다는 의미다. 속이 보이지 않는 주머니 속에 있었기 때문에 어떤 색깔인지 몰랐을 뿐 이미 하나의 색깔로 결정되어 있었던 것 아니냐는 오해를 할 수 있는데, 그런 것이 아니라 정말로 두 가지 색깔의 가능성을 모두 가지고 있다는 얘기다.

다른 중요한 현상은 얽힘이다. 얽힘은 마치, 무언가로 연결되어 있는 것처럼 멀리 떨어진 두 양자 사이에 특수한 상관관계를 갖는다는 현상이다. 예를 들어 앞에서 설명한 어떤 색깔인지 결정되지 않은 주머니 속의 공이 2개 있다고 하고, 2개의 공이 얽혀 있다고 가정해보자. 하나의 주머니는 지구에 두고, 다른 하나는 우주선에 태워서 달에 가져갔을 경우 지구에 있던 주머니에서 공 색깔이 무엇인지 확인하기 위해 꺼내어 보는 순간, 두 개의 양자가 얽혀 있다면, 달에 보낸 주머니 속의 공은 꺼내어 확인하지 않더라도 특정한 색깔로 결정된다는 말이다. 여기에서 핵심은 두 개의 양자 사이에 매개체가 없음에도 한쪽의 측정 행위가 다른 쪽의 상태에 즉각 영향을 준다는 점이다. 고전 물리학의 지식으로는 직관적인 이해가 불가능한 신기한 현상임에 틀림없다. 다시 한번 강조하지만 이러한 현상은 물리학자들이 새롭게 만들어낸 무언가에 의해 나타나는 것이 아니라 우리 주변에 모든 것을 구성하고 있는 원자 수준의 미시 세계에서 나타나고 있는 '자연' 현상이다.

양자 중첩

빨강? 파랑?
중첩

또는

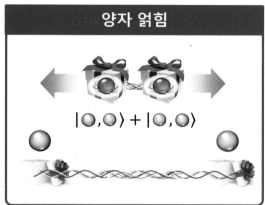

양자 얽힘

$|\bigcirc,\bigcirc\rangle + |\bigcirc,\bigcirc\rangle$

© 한상욱

결론적으로 양자를 잘 이해하려면 어떤 '것'에 주목하는 것보다 어떤 '현상'에 주목하는 것이 더 바람직하다. 미시 세계에서 중첩과 얽힘 현상이 관찰되는데, 원자, 빛 알갱이인 광자, 원자 안에 있는 전자 등이 모두 이런 현상을 나타내는 상태라면 '양자'일 수 있다. 즉, '양자 현상'을 보이는, 미시 세계의 어떤 것을 '양자'라고 정의할 수 있다.

사실 양자 현상은 기술 발전을 저해하는 요소로 꽤 오랫동안 작용해 왔다. 더 작은 반도체를 만들려고 연구 개발을 진행할 때, 이해하기 어려운 현상들 때문에 집적도를 증가시키는 데 한계를 느껴왔다. 그런데 이제는 이러한 얽힘과 중첩 같은 현상을 새로운 도구로 적극적으로 활용해 양자컴퓨팅, 양자통신, 양자센싱 등과 같은 응용기술을 개발함으로써 기존 기술들의 한계를 뛰어넘고자 하는 것이다.

━━o 양자과학기술이 만들어줄 미래상

'2차 양자혁명'에서 말하는 양자과학기술은 아직 본격적으로 우리 삶에 스며들어 활용되고 있는 기술이 아니다. 인터넷이 없을 때, 그리고 스마트폰이 없을 때 현대 사회의 모습을 상상하기 어려웠듯이 양자과학기술이 만들어줄 본격적인 미래상을 그려보는 것은 쉬운 일이 아니다. 다만, 양자과

양자 라이더와 양자 시간센서는 정확한 위치 정보와 주변 센싱 능력을 확보해 완전자율 자동차·선박·항공기 시대를 여는 데 기여할 것이다.

학기술만이 열어 줄 수 있는 전혀 새로운 사회에 대한 미래상은 잠시 접어두고, 현재 과학기술의 한계를 극복할 수 있다는 가능성에 중점을 두면서, 좀 더 발전적인 형태로 변화할 수 있는 사회에 대해 긍정적인 상상을 해 보는 것은 가능하다. 이러한 관점에서 2023년 과학기술정통부에서 발표한 대한민국 양자과학기술 발전전략 자료집인 「양자시대를 여는 우리의 도전과 전략」에 담긴 미래상은 참고할 만하다.

먼저 자료집에서는 '활력 넘치는 양자 경제'를 그리고 있다. 양자과학기술은 기존 산업의 경쟁력과 효율성을 혁신적으로 높여 줄 것으로 기대된다. 예를 들어 우리나라의 주력 산업인 반도체 분야에서는 양자컴퓨팅을 이용한 최적화 계산을 통해 제조 생산 공정의 최적화를 이루어 생산성을 비약적으로 높일 수 있다. 자동차 산업에서도 자율주행, 배터리 신소재 개발 등에서 양자과학기술의 사용되어 기술개발의 혁신을 가져올 것이다. 최근 인공지능과 바이오 등 첨단산업이 떠오르고 있는데, 이러한 첨단 산업 분야에서도 양자컴퓨팅의 연산 능력과 초미세 신호의 검출 능력은 산업에서 필요한 혁신 기술을 제공해 주어 산업경쟁력 강화를 통한 경제 성장의 발판이 될 것으로 기대된다.

다음으로 '안전한 양자 사회'를 꿈꿀 수 있다. 전자상거래, SNS 등 온라인에서의 일상이 보편화에 따라 개인정보 유출, 해킹, 도청 등에 대비한 보안능력은 우리 사회 질서를 유지하는 핵심 기능이 되고 있다. 도청과 해킹이 불가능한 양자암호통신 기반의 정보처리 기술이 통신보안, 금융거래, 의료데이터 등에 대한 도청위험으로부터 사회를 안전하게 지켜줄 것이다. 또한 점차 최첨단 무기에 의한 과학기술 강군 육성이 국가 안보에 핵심이 되어 가고 있는 현실에서 무인비행체 등의 저반사체를 원격 탐지하는 양자 레이더를 활용하거나, GPS 위치 정보가 없는 심해 또는 전시 상황에서 사용할 수 있는 잠수함·항공기 항법시스템 등으로 양자과학기술을 응용하는 일은 안전한 국가를 지탱하는 데 기여할 것이다. 그리고 획기적으로 향상된 감도, 정밀도, 분해능으로 자연재해 조기 모니터링, 유해가스 누출 및 대형 화재 등 사회 위험 요소의 실시간 탐지 등을 통해, 양자 센서 기술이 인명과 재산 피해를 줄이는 데 기여할 것으로 기대된다.

미래에는 양자 센서 기반으로 심장질환, 뇌질환 등을 검진하고 양자 컴퓨팅을 기반으로 질병 치료 방법을 시뮬레이션할 수 있을 것으로 기대된다.

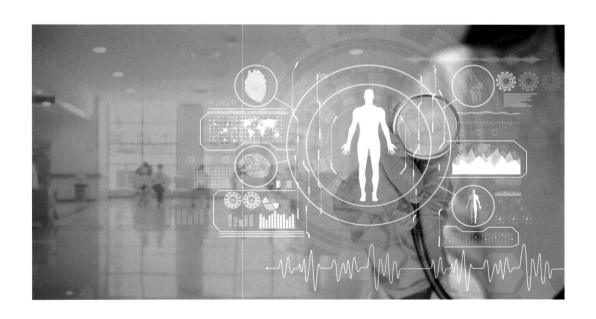

아울러 '행복한 양자 일상'을 그려볼 수 있다. 새로운 감염병과 다양한 형태의 질병이 출현해 우리 일상을 심각하게 위협하고 있다. 양자컴퓨팅과 인공지능의 접목은 환자 질병에 최적화된 임상 데이터와 치료법을 제공해 더욱 정확한 질병 진단과 치료를 가능하게 할 수 있다. 또한 양자센서 기술의 발달은 지금의 CT와 MRI보다 더욱 정밀한 영상 스캔과 분석 결과를 제공해 초미세 암 진단 등을 가능하게 하고, 살아 있는 바이러스의 관측으로 새로운 기전의 치료제 개발에 도움을 주어 첨단 의료기술 발전에 새로운 가능성을 열어줄 것이다. 또한 수많은 변수를 고려한 계산으로만 정확한 예측이 가능한 기상 분야와 최적화된 교통서비스 제공 분야에서도 양자과학기술이 우리 삶에 편리함을 제공해 줄 것으로 기대된다.

━━○ 주요국에서 양자기술을 국가전략기술로 육성

미국, 유럽, 일본, 중국 등 주요 강대국들은 우리보다 앞서 양자과학기술의 범용성과 파괴력에 주목해 범국가적인 발전 전략을 수립하고 대규모 연구개발 투자를 진행하고 있다. 특히 5~10년 전만 하더라도 유럽을 중심으로 범국가 간 공동 연구 프로그램을 통해 국제공동연구가 중심이 되어 연구개발이 이루어졌는데, 최근에는 국가별 육성정책을 통해 기술 블록 현상이 심해지는 현상이 두드러지게 나타나고 있다. 이는 기초과학 기술에서 산업기술로 전환되는 시기가 다가오면서 양자과학기술을 통한 독자적인 국가산업기술경쟁력 강화의 움직임이 나타나는 것으로 볼 수 있다. 특히 양자과학기술이 단순 산업경쟁력 수준을 넘어 국가안보와도 관련되는 기술로 인식되면서 이러한 현상은 더욱 심화되고 있다.

먼저 미국은 2008년 국가양자정보과학 비전을 발표했고, 2016년 양자정보과학 발전계획을 발표한 데 이어 2020년 양자 네트워크 전략을 국가안보 20대 유망기술로 선정했다. 유럽의 경우 2015년 영국이 국가양자기술 전략을 공개했으며, 유럽연합은 2016년 양자성명서, 2017년 양자 플래그십 프로그램을 잇달아 발표했다. 일본은 2017년 광·양자기술의 새로

운 전개 추진방안으로 Q-LEAP 플래그십 프로그램을 공개했고 2020년 양
자혁신전략을 '문샷(Moonshot) 프로젝트'의 일환으로 제시했으며, 2022년
양자 미래사회 비전을 선포했다. 중국은 2016년 제13차 국가과학기술계획

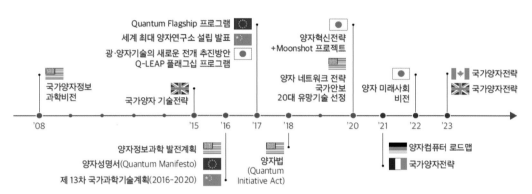

© 「대한민국 양자과학기술 비전, 양자시대를 여는 우리의 도전과 전략」

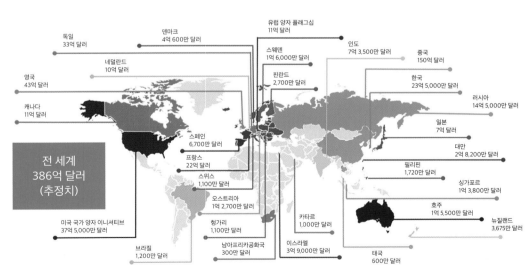

© QURECA Ltd

(2016~2022)을 공개하면서 양자기술을 강조했으며, 2017년 세계 최대 양자연구소 설립을 발표했다.

2023년 기준으로 전 세계에서 양자 분야 연구개발에 투자한 금액은 총 386억 달러로 추정된다. 중국이 150억 달러를 투자한 것을 비롯해 영국이 43억 달러, 독일이 33억 달러를 각각 투자한 것으로 예측된다. 미국이 '국가 양자 이니셔티브(National Quantum Initiative)'로 37.5억 달러, 유럽이 '양자 플래그십(Quantum Flagship)'으로 11억 달러를 투자한 것으로 보인다. 세계 각국이 '양자 국가주의'를 내세우고 있다고 말할 만한 상황이다.

━━○ 양자통신, 양자컴퓨터, 양자센서 기술 현황

양자과학기술 중에서 산업기술로 가장 빠르게 상용화된 기술은 양자통신 기술이다. 그중에서도 양자암호통신 기술은 이미 상용화되어 있다. 현재 양자암호는 중국이 기술을 선도하고 있는데, 기술 수준을 가장 잘 보여주는 자료는 2021년 1월 「네이처(Nature)」에 발표된 논문이다. 중국의 서부 지역과 동부 지역은 인공위성을 이용해 연결하고 동부의 베이징부터 상해까지 2000km 구간은 중간에 32개의 신뢰노드를 설치해 연결했다. 베이징, 진안, 허페이, 상해와 같은 주요 도시 내에는 메트로망을 연결하여 도심 내 주요 거점들이 연결되도록 구현했다. 총 4600km 구간에 700개 이상의 링크를 연결해 양자암호를 위한 네트워크를 구축한 것이다. 실제로 이렇게 구축된 양자암호 네트워크를 이용해 여러 분야의 보안 통신에서 활용되고 있는 것으로 전해진다. 연결 거리도 전 세계적으로 독보적인 수준이지만 링크의 숫자는 간접적으로 의미하는 바가 크다. 아직 본격적인 생산이 이루어지고 있지 않은 양자암호 장치의 속성상 하나의 링크를 연결하는 데 필요한 비용이 다른 암호통신에 비해 현저히 높다. 그런데 700개 이상의 링크를 연결했다는 건 충분히 사업성이 있는 시장을 형성했다고 볼 수 있고 초기 산업 생태계가 이루어졌다고도 볼 수 있다. 우리나라도 SKT, KT 통신사를 중심으로 36개 이상의 테스트베드를 통해 상용화 검증을 하고 있으며, 시스템에

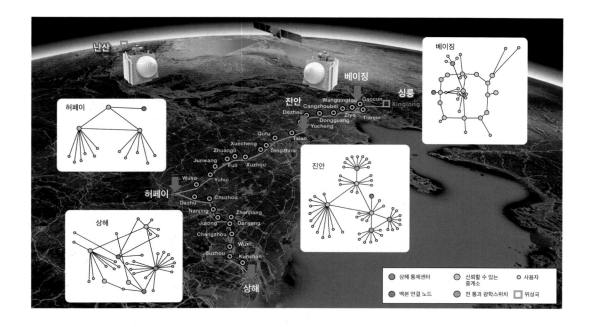

대한 인증 기준이 마련되고 요금제 상품이 출시되는 등 응용 서비스 부분에서는 괄목할 만한 성과를 보여주고 있다.

　양자컴퓨팅 기술은 양자컴퓨터 자체를 개발하는 연구개발과 양자컴퓨터를 활용하는 연구개발로 나눠볼 수 있다. 양자컴퓨터 자체를 개발하는 연구개발은 미국과 중국이 선도하고 있다. 대표적으로 슈퍼컴퓨터보다 양자컴퓨터가 계산 능력이 우수하다는 것을 실험적으로 구현했다고 발표한 사례가 5가지 있는데, 이 중 2건이 미국(구글 초전도 큐비트, IBM 초전도 큐비트), 2건이 중국(USTC의 초전도 큐비트, 광자 큐비트), 1건이 캐나다(자나두, 광자 큐비트)에서 발표한 사례이다. 최근 양자컴퓨터 분야는 폭발적인 기술 발전의 모습을 보이고 있지만, 산업적인 면에선 아직 부족하다. 오류 없는 큐비트 단 하나도 아직 개발하지 못했을 만큼 본격적으로 활용하기 위한 범용 양자컴퓨터의 개발은 시간이 필요한 것이 엄연한 현실이다. 이와 다르게 양자컴퓨터를 활용하는 연구들은 활발한데, 다른 산업 분야에서 양자컴퓨팅을 활용해 혁신을 이루고자 하는 방향으로 진행되고 있다. 자동차 기

중국이 2021년 1월 「네이처(Nature)」에 발표한 양자암호통신망. 총 4600km 구간에 700개 이상의 링크를 연결해 구축했다.
ⓒ Nature, Jan. 2021

2018년 독일 하노버에서 열린 국제 정보통신기술 전시회인 '세빗(CeBIT)'에서 IBM이 공개한 양자 컴퓨터 모델.

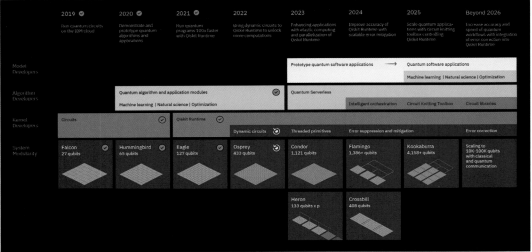

© IBM

IBM 양자컴퓨터 로드맵

IBM은 양자컴퓨터 하드웨어 개발에 대한 로드맵을 발표했다. IBM의 로드맵은 많은 양자컴퓨터 연구자들과 기관들에게 기술수준 전망에 관한 레퍼런스 역할을 하고 있다. 초기 로드맵이 발표되었을 때 정말 로드맵에 제시된 큐비트 숫자를 지킬 수 있을지 의문을 품는 사람들이 많았지만, IBM에서 2023년 1000 큐비트 양자컴퓨터 개발을 발표하면서 본 로드맵에 대한 신뢰가 쌓이고 있다.

업, 항공·유통 기업, 금융 기업, 글로벌 제약 기업 등에서 오류가 다소 있는 중규모의 양자컴퓨팅(Noisy Intermediate Scale Quantum Computing, NISQ)을 이용해서라도 현재의 난제를 해결하는 데 활용하고자 노력하고 있다.

양자센서 분야에서는 기존 미세 신호 검출한계를 극복하는 기술 개발을 진행하고 있다. 아직은 기존 센서의 성능을 향상시키는 수준의 초기 양자센서 제품들이 출시되고 있는 수준이다. 본격적인 표준양자한계(Standard Quantum Limit)를 뛰어넘는 양자센서를 개발하기 위해 연구실 수준에서 관

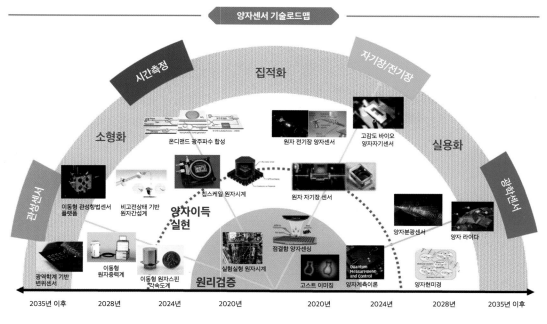

양자센서 기술로드맵

시간측정 · 집적화 · 자기장/전기장

소형화 · 실용화

관성센서 · 광학센서

온디맨드 광주파수 합성

원자 전기장 양자센서

고감도 바이오 양자자기센서

이동형 관성항법센서 플랫폼

비고전상태 기반 원자간섭계

칩스케일 원자시계

원자 자기장 센서

양자이득 실현

양자분광센서

양자 라이다

광역학계 기반 변위센서

이동형 원자중력계

이동형 원자스핀 각속도계

실험실형 원자시계

점결함 양자센싱

고스트 이미징

Quantum Measurement and Control

양자계측이론

양자현미경

원리검증

| 2035년 이후 | 2028년 | 2024년 | 2020년 | 2020년 | 2024년 | 2028년 | 2035년 이후 |

© IITP ICT R&D 기술로드맵, 2019

성 센서, 자기장·전기장 센서, 광학 센서, 시간 센서 분야를 중심으로 연구개발이 활발히 이루어지고 있다.

━━○ 대한민국 양자과학기술 발전 전략과 전망

2023년 6월 과학기술정보통신부에서는 양자과학기술 관련 전문가들과 함께 대한민국 양자과학기술 비전과 목표, 그리고 발전전략에 대한 내용을 발표했다. '2035년 대한민국, 글로벌 양자경제 중심국가로 우뚝 서겠습니다'로 명시된 비전에서 주목할 만한 내용은 '양자과학기술'의 중심국가가 아니라 '양자경제'의 중심국가를 지향했다는 점이다. 단순히 과학기술 자체의 연구개발 분야뿐 아니라 사회 변화를 견인하는 부분에서도 글로벌 리딩 국가를 지향한다는 뜻이다. 기초원천 기술은 단기간에 기술 격차를 좁히기에는 한계가 있기 때문에 지속적이고 장기적인 투자를 통해 원천기술을 확보하기 위한 노력을 경주하면서, 우리나라가 가지고 있는 ICT 산업기술 역

| 대한민국 양자과학기술 비전 |

VISION

**2035년 대한민국,
글로벌 양자경제 중심국가로 우뚝 서겠습니다.**

정책 목표

우리 기술로
양자 컴퓨터
개발 활용

인터넷 강국에서
양자 인터넷
강국 도약

최고 수준
양자센서로
세계시장 선점

주요 핵심 지표   ● 과학기술 ● 산업 시장 ● 국제 공조 ● 투자

01 기술수준
현재 62.5%[1]
2035 **85%**
(양자컴퓨팅 80% 수준
양자통신·양자센서 90% 수준)

02 핵심인력 양성
현재 384명[2]
2035 **2,500명**[3]

**03 양자분야
종사인력**
현재 1,000명
2035 **10,000명**

**04 양자시장
점유율**
현재 1.8% 세계 10위[4]
2035 **10.0%** 세계
4위 수준

**05 양자기술
공급·활용기업**
현재 80개[5]
2035 **1,200개**[6]

06 글로벌 인력순환
현재 53명 '19~'22 정부 양자 전용사업 기준
2035 **500명** '23~'35 정부

07 국제협력 투자 규모
현재 130억원[7] '19~'22 정부 양자 전용사업 기준
2035 **2,100억원** '23~ '35 정부

ⓒ 「대한민국 양자과학기술 비전.
양자시대를 여는 우리의 도전과 전략」

량을 바탕으로 본격적인 양자산업을 견인하는 부분에서 주도적인 역할을 수행하고자 하는 의중이 담겨 있다고 판단된다. 반도체 공정 기술을 이용한 양자 소자, 제조업 역량을 바탕으로 한 양자컴퓨팅·통신·센싱 시스템 개발, ICT 인프라를 이용한 응용서비스 개발에 우리나라가 큰 역할을 할 수 있을 것이라 예상된다.

이를 실현하기 위해 3단계 발전 전략을 제시했는데, 1단계에서는 양자센서, 양자암호통신 산업화를 촉진하고, 2단계에서는 양자컴퓨팅 시스템 및 서비스를 국산화하며, 3단계에서 글로벌 양자 일류국가로 도약한다는 내용이다. 특히 1000큐비트급 양자 컴퓨터, 도시 간 양자 네트워크 초기 실증, 국방·의료·반도체 활용, 세계 최고 수준 양자센서 융복합시스템 개발 등 구체적인 목표를 제시하였고, 이를 뒷받침할 2500명 수준의 인력 양성, 양자팹 등의 인프라 구축, 국제협력 등의 계획도 체계적으로 제시하고 있다.

현재 우리나라 양자 분야 기술 수준은 세계 선도국의 60~70% 수준으로 뒤처져 있는 것이 현실이다. 하지만 우리나라는 우리만의 강점 역량과 함께 변화에 빠르게 대응해 왔던 경험을 바탕으로 각 분야 전문가들이 시너지를 낸다면 글로벌 양자경제 중심국가라는 비전을 실현할 수 있을 것이라 기대된다.

| 양자경제를 실현하기 위한 3단계 발전 전략 |

구분	현재	1단계 2023~2027 양자센서·양자암호 통신 산업화 촉진	2단계 2028~2031 양자컴퓨팅 시스템 및 서비스 국산화	3단계 2032~2035 글로벌 양자 일류국가 도약	
핵심인력 (누적)	384명	700명	1,400명	2,500명	
양자컴퓨팅	10큐비트급 양자컴퓨터	50큐비트급 양자컴퓨터 구축 및 클라우드 서비스 개시	1,000큐비트급 (오류율 0.5% 이하) 양자컴퓨터 구축 및 클라우드 서비스 개시	양자컴퓨터 상용화	양자기기 (양자컴퓨팅- 통신-센서 간) 연계 실증
양자통신	양자암호통신 상용화 진입	양자네트워크 요소기술 개발 (양자전송, 양자메모리 원천기술)	도시 간 양자 네트워크 초기 실증 (양자 메모리 기반 양자 중계기 시작품)	전국망 기반 양자인터넷 시범 구축	
양자센서	양자센서 원천기술	이차전지 등 첨단산업 활용 양자센서 상용화	국방/의료/반도체 활용 세계 최고 수준 양자센서 융복합시스템(시작품) 개발	양자센서로 양자산업 기반 마련	
양자센서	양자(단일) 운영	공공 개방형 양자팹 확충 공정인력 집중 양성 (*연구자 직접 사용)	공공 전문생산 양자팹 (파운드리) 구축·운영	민간 전문생산 양자팹(파운드리) 확산	

7

ISSUE 7 산업

이차전지 열풍

원호섭

고려대 신소재공학부에서 공부했고, 대학 졸업 뒤 현대자동차 기술연구소에서 엔지니어로 근무했다. 이후 동아사이언스 뉴스팀과 《과학동아》팀에서 일하며 기자 생활을 시작했다. 매일경제 과학기술부, 산업부, 증권부를 거쳐 현재 디지털테크부 미라클랩에서 스타트업을 취재하고 있다. 지은 책으로는 『국가대표 공학도에게 진로를 묻다(공저)』, 『과학, 그거 어디에 써먹나요?』 『과학이슈11 시리즈(공저)』 등이 있다.

우리나라 이차전지, 반도체를 넘어서나?

약 2000년 전에 만들어진 것으로 추정되는 '바그다드 전지'.

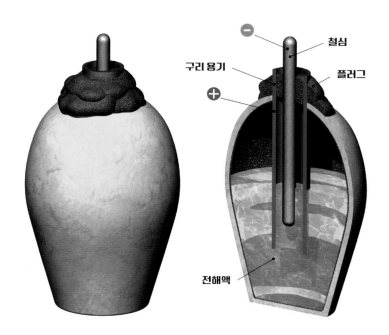

철심

구리 용기

플러그

전해액

1936년 이라크의 수도 바그다드 근교에서 높이 15cm의 작은 토기가 발견됐다. 과학자들이 탄소 연대를 측정한 결과 약 2000년 전에 만들어진 토기였다. 사람들은 인류의 문명이 시작된 메소포타미아 지역에서 사용됐던 '흔한' 토기로 생각했는데, 4년 뒤인 1940년 생각지도 못했던 주장이 나왔다. 이라크 국립박물관장이었던 독일인 빌헬름 코닝이 "이 토기는 고대 사람들이 사용하던 배터리"라며 "이 토기를 이용해 고대 사람들은 도금(고체에 얇은 막을 씌우는 일)을 한 것 같다"고 말하면서 학계의 주목을 받았다. 일명 '바그다드 전지'가 정체를 드러낸 순간이다.

이 토기는 겉은 흙으로 되어 있고 그 안에는 둥글게 말아 넣은 구리가 자리 잡고 있었고, 그 안에는 '철'이 있었다. 현대 지식으로 따지면 구리판이 '양극', 철이 '음극' 역할을 했다. 그 사이에는 식초를 넣어 '전해질'을 대체했던 것으로 추정된다. 1940년대에 이를 재현해 전구를 하나 켜는 데 성공했다는 기록이 있다. 하지만 여전히 바그다드 전지의 기능에 대해서는 학계에서도 의견이 분분하다. 1970년대에는 이를 이용해 도금을 하는 실험이 이뤄졌다고 하는데, 결과는 남아 있지 않다. 어찌 됐든 이 토기는 바그다드 전지라는 이름으로 기록됐고 2020년 코로나19 발발 이후 이차전지 시장이 활활 타오르면서 '최초의 전지'라는 이름으로 자주 소개됐다.

━━○ 프랑켄슈타인을 만들어 낸 전지의 역사

이후 가장 기본적인 배터리 형태는 학창시절 교과서에서 배웠던 '갈바니 전지'에서 찾을 수 있다. 1780년 이탈리아 볼로냐대학 생물학과 교수였던 루이지 갈바니는 개구리를 해부하던 중에 다소 무서운 현상을 발견했다.

죽은 개구리 다리에 동전을 붙이고 철사로 연결했더니 살아 있는 개구리처럼 다리가 움직인 것이다. 처음 갈바니는 죽었던 동물이 자극을 받았을 때 움직이는 만큼 '동물 전기'라는 이름을 지어 주었다. 당시에는 전지에 대한 기본적 개념이 없었던 만큼 죽은 사람에게도 이러한 자극을 주면 움직일 수 있다고 믿기도 했다. 갈바니의 사촌 동생이었던 알디니 갈바니는 죽은 동물의 몸에 전기를 흘려주는 실험에서 나아가 사망한 사형수의 몸을 이용한 실험도 주저하지 않은 것으로 알려졌다. 실제로 1800년대 초 이탈리아와 영국에서 이미 숨을 거둔 사형수의 몸에 전기를 흘려주는 실험을 진행했다. 물론 시신은 움직였지만 살아나지는 않았다.

이러한 갈바니 전지의 발전 과정(?)은 우리에게 친숙한 '프랑켄슈타인'으로 연결된다. 『프랑켄슈타인』의 저자인 메리 셸리는 친구가 갈바니 전지에 대해 이야기하는 것을 들은 뒤 꿈을 꿨고, 이 꿈을 토대로 프랑켄슈타인이라는 소설을 썼다고 한다. 프랑켄슈타인이 출간된 시기가 1818년인 만

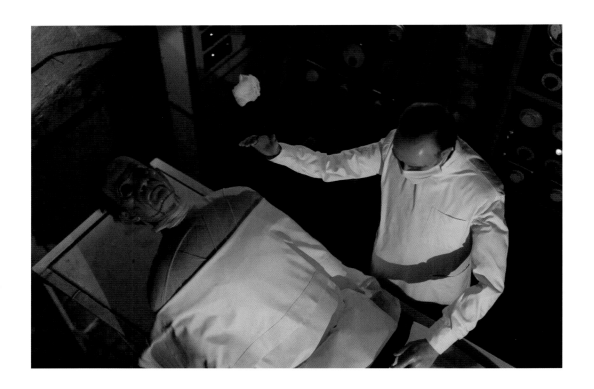

소설 『프랑켄슈타인』에서 전기 자극을 주어 괴물을 창조하는 장면을 밀랍으로 재현했다.

큼, 저자인 메리 셸리는 시신에 자극을 줘 생명을 불어넣는 실험을 알고 있었고 이를 기반으로 명작이 탄생한 셈이다.

갈바니 전지가 세상에 모습을 드러냈을 때, 이를 과학적으로 설명했던 사람이 이탈리아의 물리학자 알렉산드로 볼타다. 볼타는 개구리가 움직인 이유는 금속 사이에서 발생한 '금속전기' 때문이라고 주장했다. 이후 은판과 아연판 사이에 소금물을 적신 종이를 끼워 넣은 뒤 이를 겹겹이 쌓아올려 전기가 흐르는지를 실험했다. 당연히 전기가 흘렀고, 볼타는 1800년 이를 기반으로 서로 다른 두 종류의 금속을 산성 용액에 담아 전기를 흐르게 하는 '볼타 전지'를 만들게 됐다. 볼타는 당시 양극, 음극, 전해질의 개념은 물론 서로 다른 금속으로 다양한 전지 실험을 하면서 중학교 과학 교과서에서 빼놓을 수 없는 '금속의 이온화 경향' 개념도 1800년대에 이미 확장시켰다는 평가를 받고 있다.

일차전지는 아쉬워… 이차전지 시대 개막

볼타 전지를 비롯해 이후 개발된 다니엘 전지 등이 인류를 배터리의 세계로 인도했다. 하지만 당시 배터리는 '한 방향'으로만 움직였다. 즉 충전이 되지 않았기 때문에 방전이 되면 버려야 했다. 1970년대 석유값이 크게 오르며 '오일 쇼크'가 발생하자 많은 연구자뿐 아니라 기업들은 석유를 대체할 수 있는 에너지원 찾기에 나섰고 그 과정에서 이차전지를 구현하기 위한 노력도 거세졌다.

사실 이차전지에 대한 관심이 폭발하기 바로 직전 해였던 2019년. 향후 이차전지 시장의 향방을 예측이나 하듯, 스웨덴 왕립과학원 노벨상위원회는 노벨 화학상 수상자로 미국 텍사스대 오스틴캠퍼스 존 구디너프 교수, 미국 뉴욕주립대 빙엄턴캠퍼스 스탠리 휘팅엄 교수, 일본 메이조대 요시노 아키라 교수를 선정했다. 이들은 이차전지를 개발하고 상용화를 앞당긴 공로를 인정받았다. 노벨상위원회는 이들은 '충전 가능한 세계'를 창조했다는 멋진 말로 공로를 언급한 뒤 세 사람의 연구 성과로 태양광, 풍력처럼 석탄 없는 사회를 구성하려는 재생에너지의 전력을 저장할 수 있게 됐다고 설명

2019년 노벨 화학상 수상자 존 구디너프 교수(왼쪽), 스탠리 휘팅엄 교수(가운데), 요시노 아키라 교수(오른쪽).
© Nobel Media/A. Mahmoud

했다.

　　노벨 화학상 수상자 중 한 사람인 휘팅엄 교수는 '이황화 타이타늄'을 이용하면 리튬이온배터리를 만들 수 있다는 사실까지 확인했다. 다만 그가 만든 배터리의 최대 전압은 전구 하나를 겨우 켤 수 있는 2V 수준이었고 반응성이 높은 리튬 금속을 썼던 만큼 폭발 위험도 존재했다. 이후 구디너프 교수는 리튬이온배터리의 양극 물질로 '산화물'을 쓰면 배터리 전압을 2배 이상 높일 수 있음을 확인했다. 다만 여전히 리튬의 안정성이 문제였던 만큼 상용화가 쉽지 않았다. 이를 해결한 사람이 아키라 교수였다. 그는 1985년 흑연계 물질을 음극으로 활용해 이차전지를 개발하면서 폭발의 위험성을 줄이는 데 성공했다. 리튬 대신 '리튬 이온'을 이용한 전지를 만듦으로써 현재 전기차의 심장으로 작동하는 이차전지의 초기 모델을 디자인했다.

　　이차전지는 전지와 구성이 크게 다르지 않다. 양극과 음극, 전해질, 분리막이 주요 소재로 불린다. 리튬이온배터리를 기반으로 설명하면, 양극에 '양극재'가 있고 전해질과 분리막, 그리고 음극재(음극)가 놓여 있다. 일상생활에서 자주 쓰는 AA 배터리를 뉘었다고 생각하면 그 안에는 '양극 - 전해질 - 분리막 - 음극'으로 이루어져 있는 셈이다. 배터리가 충전이 다 되어 있을 때는 음극에 리튬 이온(Li^+)이 가득 모여 있다. 이 배터리를 사용하면, 음극에 있던 리튬 이온이 양극으로 이동하면서 전자가 이동해 전기를 사용할 수 있다.

　　배터리가 방전되면 리튬 이온과 전자는 양극에 모여 있다. 여기에 외부 힘(전기)을 통해 에너지를 넣으면 전자와 리튬 이온이 음극으로 이동하면서 충전이 된다. 만약 이 과정에서 음극과 양극이 서로 닿게 되면 전자가 한꺼번에 이동하면서 큰 에너지가 발생하고 폭발이 일어날 수 있다. 분리막은 음극과 양극이 닿는 것을 방지하는 역할을 한다.

　　충전 시 양극에 있던 리튬 이온이 음극으로 이동하고, 방전 시에는 음극에 있던 리튬 이온이 양극으로 이동한다.

　　충·방전 원리를 잘 살펴보면 이차전지의 소재가 어떤 역할을 하는지 이해할 수 있다. 충전이 완료되었을 때 전자와 리튬 이온은 음극에 놓여 있

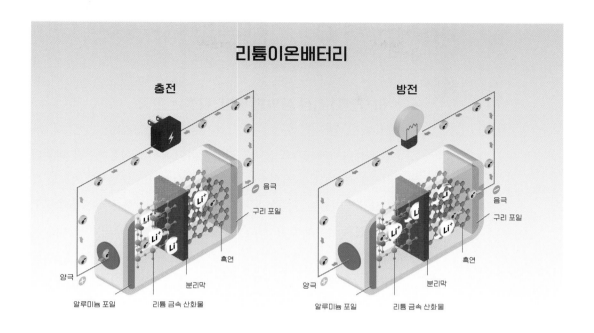

리튬이온배터리

충전

음극
구리 포일
흑연
분리막
양극
알루미늄 포일
리튬 금속 산화물

방전

음극
구리 포일
흑연
분리막
양극
알루미늄 포일
리튬 금속 산화물

다. 앞서 아키라 교수가 흑연계 물질로 음극을 만들었다고 했는데, 흑연은 얇은 판상으로 되어 있어서 층 사이에 리튬 이온이 저장된다. 즉 음극을 잘 만들면 배터리 용량이 커질 수 있다. 또한 저장이 '잘'되게끔 만들면 충전 속도 역시 빨라진다. 음극재를 개발하는 기업들이 자사가 개발한 음극재를 이용하면 배터리 용량과 충전 속도를 늘릴 수 있다고 이야기하는 이유다. 또한 배터리를 오래 사용하면 충전 속도는 느려지고 방전은 빨라지는 만큼 음극재를 잘 디자인하면 이러한 단점을 지연시킬 수 있다.

양극은 음극에 있던 리튬 이온과 전자를 받는 역할을 한다. 역시 전자와 리튬 이온을 많이 받을수록 배터리 용량이 커지는 만큼 양극재 역시 용량과 에너지 밀도 등에 영향을 미친다. 배터리 용량이 커지고 밀도가 높아진다는 얘기는 '한번 충전했을 때 전기차가 이동할 수 있는 거리가 길어진다'는 뜻과 같다. 전기차의 '출력'에 많은 영향을 미치는 소재는 양극이다. 출력은 즉 '힘'을 의미하는데, 배터리에서 더 큰 힘을 낸다는 얘기는 '전압 차이가

리튬이온배터리의 작동 원리
충전 시 양극에 있던 리튬 이온이 음극으로 이동하고, 방전 시에는 음극에 있던 리튬 이온이 양극으로 이동한다.

크다'라는 뜻과 같다. 즉 양극과 음극의 전위차가 클수록 출력은 커지기 마련이다.

━━○ 이차전지 시장 장악한 일본, 뒤쫓는 한국

일본의 아키라 교수가 음극을 리튬이 아닌 흑연을 이용하면서 폭발 위험이 적은 이차전지가 상용화됐다. 하지만 이 선택이 공교롭게도 지금의 이차전지 시장을 가르는 도화선이 됐다. 1985년 이후 일본은 흑연을 중심으로 한 이차전지 상용화에 나섰고 이것이 소니, 산요, 파나소닉, 도시바와 같은 배터리 기업을 성장케 하는 요인이 됐다. 반면 미국, 유럽 등 서양 국가들은 리튬 금속을 음극으로 사용하면서 전해질을 고체 상태의 난연성 물질로 대체하려는 연구를 이어갔다. 이 전지가 바로 현재 언론을 통해 '꿈의 전지', '게임 체인저'로 불리는 '전고체 배터리'다. 하지만 전고체 배터리 개발은 생각보다 쉽지 않았고 결국 미국, 유럽 등이 배터리 시장에서 경쟁력을 조금씩 잃어가는 사이, 일본은 리튬이온배터리를 개발하고 이를 상용화함으로써 전 세계 시장을 지배하는 국가로 우뚝 서게 됐다. 1990년대 소니를 앞세운 일본 배터리 기업의 전 세계 이차전지 시장 점유율은 90%를 넘어섰을 정도였다.

1990년대는 작은 라디오(마이마이)를 비롯해 초기 휴대전화는 물론 노트북 등 휴대용 전자기기가 하나둘 출시되면서 소비자들의 눈길을 끌기 시작했던 시기였다. 기술 개발과 함께 휴대용 전자기기 시장은 확대될 것이라는 전망이 있던 만큼 이를 구동시키기 위한 이차전지 시장 역시 커질 수밖에 없었다. 국내 기업 중에서는 럭키금속(LG화학)이 1992년 배터리 연구를 본격화했고 1998년 국내 기업 최초로 리튬이온배터리 대량생산 체제를 구축했다. 삼성SDI는 1994년 사업화에 나섰으며 1999년 공장을 지으면서 2000년부터 리튬이온배터리 양산에 나섰다.

한국 기업들은 일본보다 늦었지만 빠른 상용화와 대량생산을 기반으로 추격에 나섰다. 1990년대 말 일본 배터리 기업들의 점유율은 90%, 한국

은 5%가 채 되지 않았는데, 2003년 한국은 10%를 돌파하면서 빠른 성장세를 보였다. 또한 미래 시장을 대비하기 위해 LG화학은 2000년 세계 최초로 전기차에 탑재 가능한 대형 리튬이온배터리 개발에 나서기 시작했다. 일본 기업과 비교했을 때 이차전지 시장에 뛰어든 시기는 늦었지만, 누구보다 앞서 미래 시장을 선점할 수 있는 기술 개발에 나선 셈이다. 삼성SDI도 2005년부터 전기차 배터리 사업에 진출했다. 일찍이 미래를 내다본 투자는 지금의 위상을 만들어냈다.

2007년부터는 하이브리드차에 탑재될 수 있는 이차전지 개발 경쟁이 시작됐다. 도요타가 일찍이 하이브리드차 개발에 나서면서 일본 기업들이 해당 시장을 독차지하는 가운데, LG화학(LG에너지솔루션), 삼성SDI, 후발주자인 SK(SK온) 등도 빠르게 개발에 나섰다.

정부도 가만히 있지 않았다. 2008년 정부는 '이차전지산업 발전전략'을 수립하고 대대적인 투자에 나서기 시작했다. 현대자동차를 비롯해 국내 배터리 기업들과 대학, 정부출연연구소가 손을 잡고 대형 배터리 개발을 본격화했다. 2009년에는 LG화학이 전기차 탑재 가능한 중대형 배터리 시장에 공식 출사표를 던졌고 2010년에는 정부가 향후 10년간 15조 원을 이차전지 산업에 투자하는 전략을 발표했다.

이때 한국의 이차전지 기업들의 성장세는 무서울 정도였는데, 삼성 SDI는 2010년 이차전지 시장 점유율 19.8%를 기록하면서 처음으로 일본 기업을 제치고 1위에 오르기도 했다. LG화학의 점유율도 14.8%로 두 기업의 점유율이 33%에 다다르면서 소니, 산요, 파나소닉 등 일본 기업의 점유율(36%)을 턱밑까지 추격했다.

2012년부터 이차전지 시장에서 한국 기업의 점유율이 일본을 앞지르기 시작했다. 이러한 자신감을 기반으로 국내 배터리 3사는 중대형 배터리 개발에 심혈을 기울였고, 2010년대 중반부터 자동차 회사들이 전기차를 출시하기 시작하면서 시장에서 존재감을 과시했다. 이 과정에서 엘앤에프를 비롯해 포스코케미칼 등의 이차전지 소재 기업들도 국내에서 출현했다.

━━◦ 코로나19와 함께 폭발한 이차전지 시장

코로나19 발발과 함께 전 세계 경기가 위축되자 유럽을 필두로 한 선진국들이 경제를 회복하기 위한 재정 지원의 초점을 전기차에 두기 시작했다. 코로나19와 같이 예상치 못한 일이 발생했을 때, 지속가능한 기업이 되기 위해서는 '흔들리지 않는 아이템'이 필요했다. 환경(Environment), 사회(Social), 지배구조(Governance)라는 비재무적 요소를 고려해야 한다는 의미의 ESG가 기업 경영의 화두로 떠올랐던 이유다.

한국 배터리 3사는 무려 20년 넘게 연구개발(R&D)를 통해 쌓아왔던 기술력을 앞세워 전 세계 많은 완성차 업체들의 관심을 받기 시작했다. 전 세계적으로 전기차에 탑재할 수 있는 대용량의 리튬이온배터리를 생산할 수 있는 기업은 일본의 파나소닉과 한국의 LG에너지솔루션, 삼성SDI, SK온 등 4개 기업에 불과했다. 중국이 수년 전부터 전기차와 배터리 개발에 공을 들이면서 CATL, BYD와 같은 기업들이 나타났지만 2020년대 초만 하더라

순위	제조사명	2022년 1~9월	2023년 1~9월	성장률	2022년 점유율	2023년 점유율
1	LG에너지솔루션	42.9GWh	64.1GWh	49.2%	29.2%	28.1%
2	CATL	31.3GWh	64.0GWh	104.9%	21.2%	28.1%
3	Panasonic	25.2GWh	33.6GWh	33.2%	17.1%	14.7%
4	SK온	21.4GWh	24.4GWh	13.7%	14.6%	10.7%
5	삼성SDI	15.3GWh	21.6GWh	41.4%	10.4%	9.5%
6	BYD	0.6GWh	4.1GWh	539.4%	0.4%	1.8%
7	PPES	1.2GWh	3.3GWh	173.3%	0.8%	1.4%
8	Farasis	1.2GWh	3.0GWh	158.4%	0.8%	1.3%
9	AESC	3.0GWh	2.7GWh	-8.8%	2.0%	1.2%
10	PEVE	1.5GWh	2.0GWh	34.8%	1.0%	0.9%
	기타	3.6GWh	5.3GWh	47.1%	2.5%	2.3%
	합계	147.2GWh	228.0GWh	54.9%	100.0%	100.0%

도 품질 면에 있어서 한국과 일본에 뒤처진다는 평가가 많았다. 또한 미국과 중국의 갈등이 지속되면서 중국의 배터리 기업들이 세계 시장에 진출하기 쉽지 않았다.

파나소닉은 테슬라에 배터리를 공급하기도 빠듯했고 보수적인 투자 기조를 유지했던 만큼 전기차를 만들려는 여러 완성차 업체들은 한국 기업에 노크할 수밖에 없었다. 결국 LG에너지솔루션은 현대차, 스텔란티스, GM, 혼다와, 삼성SDI는 스텔란티스, GM과, SK온은 포드, 현대차 등과 합작사 설립에 나섰다. 합작사 설립 외에도 한국 기업의 배터리를 원하는 완성차 업체들이 확대되면서 국내 배터리 3사의 점유율은 빠르게 증가했다. 2018년 LG에너지솔루션과 삼성SDI, SK온의 전기차 배터리 시장 점유율은 10% 정도였는데 2019년 15%, 2020년 초부터 20%를 넘어서기 시작했다. 2020년 1분기에는 LG에너지솔루션이 파나소닉을 제치고 전기차용 배터리 시장 점유율 27.1%를 기록하며 세계 1위에 오르기도 했다.

2023년 1~9월까지 전기차 배터리 시장 점유율에서 LG에너지솔루션은 14.3%, SK온 5.1%, 삼성SDI 4.5%로 국내 배터리 3사의 점유율은 29%

를 기록했다. 대략 전 세계 도로를 다니는 전기차 10대 중 3대에는 한국산 배터리가 탑재됐다고 볼 수 있다. 그런데 중국 시장을 제외하면 점유율은 크게 늘어난다. 중국의 완성차 업체들은 일반적으로 자국 기업의 배터리를 사용하기 때문이다. 2023년 1~9월 기준으로 중국 시장을 제외한 전기차 배터리 시장 점유율은 LG에너지솔루션 28.1%, SK온 10.7%, 삼성SDI 9.5%로 48.3%를 기록하고 있다. 미국, 유럽, 한국, 동남아시아 등에서 볼 수 있는 전기차 2대 중 1대에 한국 기업의 배터리가 탑재된 셈이다. 특히 LG에너지솔루션은 파나소닉과의 격차를 10% 포인트 이상 내면서 1위를 유지하고 있다.

전기차 판매량도 최근 높은 금리와 경기 침체에 대한 우려로 주춤하고 있지만, 과거와 비교하면 증가세가 이어지고 있다. 2023년 전기차 인도량은 약 1377만 대로 예측되고 있는데, 이는 2022년에 대비해 30%가량 높은 수치다. 2021년 전기차 시장은 세 자릿수 성장했지만, 2022년은 60%, 2023년 30%, 2024년은 20% 정도의 성장이 예상되고 있다.

━━○ 중국 기업들의 빠른 추격과 LFP 배터리

중국은 일찍부터 유럽, 미국, 일본 기업들이 휘어잡고 있는 내연기관 차량 시장에서 경쟁이 어려움을 깨닫고 전기차 시장에 전폭적인 지원을 해왔다. 중국에는 여전히 20여 개가 넘는 배터리 기업들이 있는데, 이 중 CATL, BYD의 성장세가 두드러진다.

CATL은 2018년 독일 폭스바겐과 BMW에 잇달아 배터리를 공급하기로 하면서 세계 시장에 처음 이름을 알렸다. 현재 전 세계 전기차 배터리 시장 점유율 1위를 지키고 있다. 배터리와 함께 전기차를 생산하는 BYD는 저렴한 가격을 앞세워 무서운 속도로 시장 확대에 나서고 있다. 특히 동남아시아 전기차 시장에서는 2023년 1위를 차지하기도 했다.

리튬이온배터리 기술에 있어서 CATL과 BYD는 여전히 한국과 일본 기업과 비교했을 때 기술적으로 뒤처진다는 평가를 받고 있다. 하지만 리튬

인산철(LFP) 배터리에 있어서는 중국 기업이 오랜 기간 개발과 생산을 이어가면서 새로운 시장을 개척해 나가고 있는데, 특히 2023년 들어서면서 주목받고 있다.

LFP는 리튬(Li)과 인산철(FePO4)을 양극재로 사용하는 배터리를 뜻한다. 한국 기업들은 주로 NCM계 배터리를 만드는데, 이는 니켈(Ni)과 코발트(Co), 망간(Mn)을 양극재로 사용하는 배터리를 뜻한다. LFP는 NCM계와 비교했을 때 안전하다고 알려져 있으며 값비싼 니켈과 코발트를 쓰지 않아 가격이 저렴한 것이 특징이다. 다만 에너지 밀도가 낮아 주행거리가 짧고 기온이 떨어지면 주행거리가 크게 줄어든다. 실제로 LFP 배터리를 탑재한 전기차의 경우 같은 모델이라 할지라도 NCM계 배터리를 탑재한 차와 비교했을 때 1회 충전 시 주행거리가 많게는 100km까지 차이 난다. LFP 배터리는 NCM계 배터리의 자리를 넘보는 배터리라기보다는, 저렴한 전기차에 적용돼 짧은 거리를 이동하는 수단으로 활용될 가능성이 크다.

━◦ '꿈의 전지' 전고체 배터리, 언제 상용화되나?

이차전지 시장이 커지고 경쟁이 심화되면서 전고체 배터리에 대한 관심도 높아지고 있다. 이 분야에서 일찍이 R&D를 시작한 도요타를 비롯해 LG에너지솔루션, 삼성SDI 등 많은 기업이 전고체 배터리 시장에 출사표를 던진 상황이다. 하지만 여전히 시장의 반응과 전망을 예측하기가 쉽지 않다. 많은 투자가 이뤄지고 있는 만큼 상용화가 이르면 2025년부터 이뤄질 것이라는 전망과 함께 기술적 한계로 2030년이 되어도 쉽지 않다는 비관론이 혼재하고 있는 상황이다.

전고체 배터리란 전해질을 고체 형태로 만든 배터리다. 전해질은 딱딱한 고체뿐 아니라 '젤리' 형태도 포함된다. 전고체 배터리는 1980년대 이후부터 연구가 진행되어 왔지만, 여전히 뚜렷한 결과는 보여주지 못하고 있다. 전해질이 고체인 만큼 음극과 양극이 만나지 않아 화재의 위험성이 적다는 것이 장점이다. 그만큼 부품 수를 최소화할 수 있고 이 공간에 더 많은 전지

도요타가 2021년 공개한
전고체 전지 기반의 전기차.
ⓒ 도요타

를 넣어 에너지 밀도를 극대화할 수 있다. 즉 1회 충전에 1000km를 이동할 수 있는 배터리 개발과 연결된다. 하지만 이는 이론적인 값일 뿐이고 여전히 넘어야 할 기술적 과제가 쌓여 있다.

물론 전고체 배터리라고 해서 100% 완전무결한 전지는 아니다. 전해질이 고체인 만큼 '전자의 이동'이 액체 전해질보다 느릴 수 있고, 양극과 음극이 충·방전을 거치는 과정에서 부피가 팽창하거나 수축될 때 고체 전해질에 균열이나 틈이 생길 수도 있다. 전고체 배터리를 개발했다는 연구는 많지만, 실험실 수준의 결과일 뿐 아직 대량생산이 가능한 수준의 생산시설을 갖추지도 못했다. 현재 기술로도 전고체 배터리 구현은 가능한데, 이 경우 고체 전해질 소재 가격만 리튬이온배터리 전체 가격보다 비싼 수준일 뿐 아니라 성능 역시 떨어진다.

도요타의 사례를 보면 전고체 배터리 상용화의 어려움을 엿볼 수 있다. 2017년 도요타는 2020년 도쿄 올림픽에서 전고체 배터리가 탑재된 차량을 선보이겠다고 밝힌 적이 있는데, 코로나19로 올림픽이 미뤄진 2021년 9월에야 공개했다. 하지만 실제 차량이 아니라 녹화된 영상을 공개하는 데 그쳤다. 영상에서 도요타는 여전히 전고체 배터리를 개발하는 중이며 하이브리드차에 우선 적용해 나가겠다는 목표를 밝혔다. 현재 도요타는 전고체 배터리를 2027년에 출시한다는 계획이다. 이에 질세라 삼성SDI도 2027년 상용화를 예고한 상황이다.

다만 전고체 배터리가 실제로 상용화된다 하더라도 당장 리튬이온배터리의 자리를 위협하지는 못할 것으로 보인다. 이미 리튬이온배터리 공장에 수조 원대의 투자가 이뤄진 상황일 뿐 아니라 전고체 배터리 가격을 리튬이온배터리 수준으로 낮추는 데도 시간이 필요하기 때문이다.

이런 현실적인 문제가 지속적으로 제기되면서 전고체 배터리에 대한 시장 예측도 해를 거듭할수록 부정적인 전망이 많아지고 있다. 이차전지 전문 시장 조사업체 SNE리서치는 2030년 배터리 시장의 95%를 리튬이온배터리가 차지하고 전고체 배터리는 약 4%에 그칠 것으로 전망했다. 여전히 기술적 난제가 많아 2030년이 돼야 전기차 실증이 이뤄질 가능성이 크고 주요 소재 가격이 고가인 만큼 원가 경쟁력에서 리튬이온배터리에 뒤처지기 때문이다.

━● 한국이 반도체 넘어서는 이차전지 시장에서 승자가 될까?

이차전지는 전기차, 노트북, 스마트폰, 스마트워치 등 다양한 전자기기에 적용될 뿐 아니라 향후 드론과 같은 항공기로도 시장이 확대될 것이 확실시된다. 앞으로 인간이 쓰는 거의 모든 전자기기의 배터리는 이차전지로 교체될 가능성이 크고, 태양광, 풍력 등 재생에너지 시장이 커짐에 따라 이를 저장했다가 필요할 때 쓸 수 있는 에너지저장장치(ESS)용 이차전지에 대한 수요도 확대될 것으로 보인다. 이차전지 시장은 반도체를 뛰어넘어 커질 수밖에 없다.

이러한 상황에서 20여 년간 기술력을 쌓아온 한국 배터리 기업들의 존재감 역시 더 커질 것으로 보인다. 특히 배터리는 대량생산이 핵심인데, 다양한 소재가 한 제품으로 조립되는 복잡한 과정을 거치는 만큼 수율을 높이고 공장 운영을 안정화하는 일이 상당히 어렵다고 알려져 있다. LG에너지솔루션, 삼성SDI, SK온 등 한국 기업들 역시 과

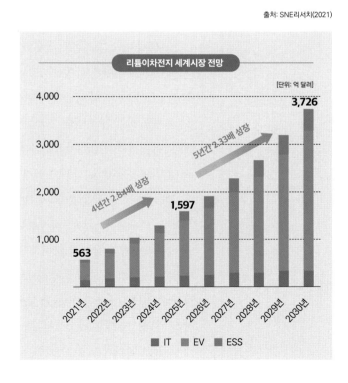

출처: SNE리서치(2021)

거에 이러한 문제를 해결하기 위해 심혈을 기울였다. 대형 배터리 사업 부문에 있어서 세 기업 모두 흑자를 낸 것은 2020년 이후의 일인데, 세 기업은 무려 20년간 적자를 버텨온 셈이다. 하지만 향후 수십 년 동안 국내 배터리 3사의 수주 걱정은 없는 상황이다. 2023년 12월 기준으로 국내 배터리 3사의 수주 잔고는 1,000조 원인데, 2022년 매출 기준으로 LG에너지솔루션은 17년 치, SK온은 40년 치, 삼성SDI는 13년 치 일감을 확보했을 정도다.

자국 배터리 기업을 갖지 못한 미국, 유럽 등이 많은 투자를 통해 기업 양성에 나서고 있지만, 여전히 한국과 일본에 의존하고 있는 상황이 배터리 생산이 얼마나 어려운지를 간접적으로 보여준다. 유럽은 CATL과 같은 중국 기업과 손을 잡으며 배터리 확보에 열을 올리고 있다. 따라서 당분간 한국 기업들이 선점한 기술력이 쉽게 무너질 것 같지는 않다. 이차전지의 화재 문제에 대한 대응 역시 한국 기업이 우위에 있다. 100% 안전한 배터리는 없다. 화재는 날 수밖에 없고 확률을 낮추기 위해서는 경험밖에 답이 없다. LG에너지솔루션 등 K배터리 기업들은 선점한 시장을 바탕으로 이러한 경험을 쌓으면서 후발 주자들과의 격차를 더욱 벌릴 수 있다.

현재 미국과 유럽을 비롯한 배터리 수요 국가들은 중국이 배터리 소재 시장 전반을 장악한 상황에서 비용을 낮추는 데 노력하고 있으며, 한국과 일본은 미국과 유럽의 공급망 재편에 따라 현지 진출을 강화하는 동시에 중국의 추격을 따돌리기 위해 노력하고 있다. 리튬이온배터리 시장을 선점한 한국 기업들은 이제 2030년께로 예고된 차세대 전지 시장에서도 존재감을 드러내기 위한 준비에 나서고 있다. 특히 리튬이온배터리를 처음 상용화했지만, 한국과 중국에 쫓긴 일본 기업들은 전고체 배터리를 비롯한 다음 세대 배터리 시장에서 설욕을 다짐하고 있다. 한국이 이를 대비하기 위해서는 리튬이온배터리 시장에서 보여준 끊임없는 R&D와 함께 가장 취약하다고 평가받는 배터리 소재 부문의 경쟁력 확보가 필수적이다.

정부도 '이차전지 R&D 고도화 전략', '2030 이차전지 산업(K-Battery) 발전 전략' 등을 토대로 '제2의 반도체 시장'이라는 이차전지 시장을 잡기 위한 투자에 나서고 있지만, 좀 더 세밀하고 과감한 투자만이 전기차 시장에서 지금의 위치를 유지할 수 있는 방안이다. 한국과학기술기획평가원(KISTEP)이 2023년 11월 발행한 '차세대 이차전지'라는 제목의 보고서에는 차세대전지 기술 분야에서도 '핵심 광물' 확보가 필수적인 만큼 핵심 광물의 안정적 확보, 특정국 의존도 완화, 재자원화 등에 관련된 정책을 지속적으로 강화하여 추진해 나갈 필요가 있다면서 장기적이고 지속적 관점에서 차세대 기술 산업 육성 정책을 추진하고 소재·제조기술 전반에 걸친 고급인력 양성 사업이 필요하다고 제언한 바 있다.

오랜 기간 쌓아온 경험과 기술, 이를 위한 투자는 경쟁 기업에는 높은 진입장벽이다. 전기차 판매가 주춤한다는 보도가 나오지만, 속도가 둔화될 뿐 지속적인 성장은 당분간 이어질 것이 확실시된다. 국내 배터리 기업들의 성장도 이어질 수밖에 없다. 20년간 쌓아온 기술을 바탕으로 K배터리가 세계를 뒤흔드는 상황을 '즐기면서' 차세대 배터리 기술 개발 경쟁을 지켜보기를 권한다. 도요타가 전고체 배터리에서 앞서 있다고 하지만, 이미 리튬이온배터리를 선점한 우리 기업들의 경쟁력은 무시할 수준이 아니다.

8

ISSUE 8 생물학

Y염색체 완전 해독

오혜진

서강대에서 생명과학을 전공하고, 서울대 과학사 및 과학철학 협동과정에서 과학기술학(STS) 석사 학위를 받았다. 이후 동아사이언스에서 과학기자로 일하며 과학잡지 《어린이과학동아》와 《과학동아》에 기사를 썼다. 현재 과학전문 콘텐츠기획·제작사 동아에스앤씨에서 기자로 일하고 있다.

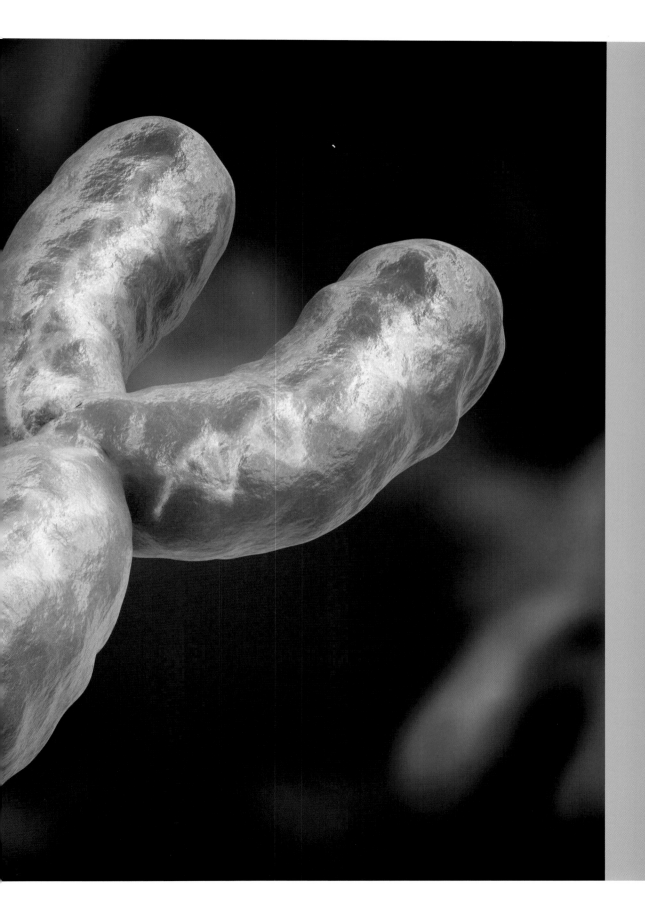

Y염색체는 왜 이렇게 늦게 해독됐을까?

인간 염색체 핵형

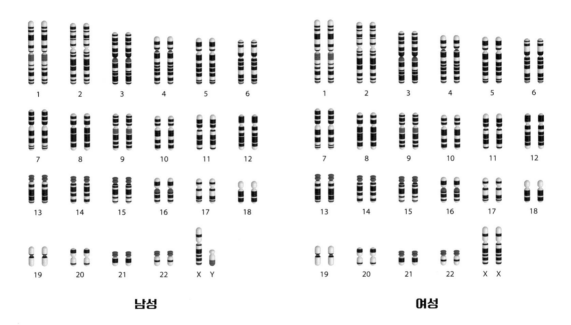

남성

여성

인간 염색체 핵형. 23쌍의 염색체 중 22쌍은 크기와 모양이 같지만, 나머지 한 쌍은 성별에 따라 다른 성염색체다. 남성은 X, Y염색체를 갖고, 여성은 2개의 X염색체를 갖는다.

인간은 23쌍의 염색체를 갖고 있다. 다만 이 중 22쌍의 염색체는 크기와 모양이 같은데, 마지막 23번째 염색체는 '한 쌍'이라고 하기에는 크기와 모양이 확연히 다르다. 바로 이 23번째 염색체가 남성과 여성의 성별을 결정하는 성염색체이며, 크기가 큰 X염색체와 크기가 작은 Y염색체로 나뉜다.

둘 중 Y염색체는 남성만이 가지고 있어 '남성성'을 대표하는 염색체로 지칭되곤 한다. 하지만 막상 Y염색체에 대해서는 아는 것이 많지 않았다. 그런데 2023년 8월 과학자들이 마침내 Y염색체의 유전체를 완전히 해독하는

데 성공하며 Y염색체 연구의 돌파구를 마련했다. Y염색체는 왜 이렇게 늦게 해독됐을까? Y염색체에 대해 하나씩 살펴보며 그 이유를 찾아가 보자.

━━○ 1905년 Y염색체 발견

남성과 여성이라는 성별을 결정하는 것은 무엇일까? 인류는 이 질문에 대답하기 위해 끊임없이 고민해 왔지만 20세기 이전까지는 누구도 명쾌한 해답을 내놓지 못했다. 고대 그리스의 철학자 아리스토텔레스는 배아가 발달하는 동안 존재하는 열의 양이 생물학적 성별을 결정한다고 믿었다. 모든 배아는 수컷으로 발달하는데, 열이 충분하지 않으면 중간에 발달을 멈추고 암컷으로 변한다는 생각이다. 아리스토텔레스의 성 결정 이론은 이후 오랜 시간 여성이 생물학적으로 열등한 성이라는 편견을 갖는 데 일조했다.

17세기 이후 현미경이 발명되면서 정자와 난자 등의 생식세포를 관찰할 수 있게 되었다. 하지만 이때도 여전히 성 결정 과정에 대해서는 잘 알지 못했다. 사람들은 성을 결정하는 것이 생물학적 요인이 아니라 여성의 식단이나 수정 당시의 상황, 혹은 배아의 성장 환경 등 외부 요인 때문이라고 생각했다. 이즈음 바다거북이 부화할 때 온도와 같은 외부 환경에 의해 성별이 달라진다는 사실이 밝혀지면서 이 가설은 더욱 힘을 얻었다.

과학자들은 19세기 후반이 되어서야 염색체를 발견했고, 성 결정 메커니즘을 밝혀내기 시작했다. 독일의 생물학자 헤르만 헨킹은 1890년 X염색체를 처음 발견했다. 그는 별노린재(Pyrrhocoris apterus)의 정자 세포 분열 과정을 연구했는데, 세포의 모든 염색체가 단 하나를 빼고 모두 쌍을 이루고 있는 것을 발견했다. 그는 짝을 이루지 않은 이상한 염색체를 'X 요소'라고 이름 붙였다.

이후 1901년 미국의 생물학자 클라렌스 어윈 맥클렁이 'X 요소'는 진짜 염색체가 맞으며, 성별을 결정하는 염색체라는 사실을 밝혀내고 'X염색체'라는 이름을 붙였다. 하지만 그는 X염색체가 남성의 성을 결정하는 염색체라고 잘못 예측했다.

Y염색체를 발견한 미국 과학자
네티 스티븐스.
© wikipedia

남성의 성을 결정짓는 Y염색체를 발견한 사람은 미국의 여성과학자 네티 스티븐스였다. 스티븐스는 1905년 밀웜의 염색체를 현미경으로 관찰하던 중, 암컷과 수컷이 가진 염색체 중 하나가 다르다는 사실을 발견했다. 암컷과 수컷 모두 20개의 염색체를 가지고 있었지만, 수컷의 경우 20번째 염색체가 다른 19개보다 눈에 띄게 작았다. 더 중요한 것은 스티븐스가 암컷 밀웜은 큰 염색체를 가진 난자만 생산하고, 수컷 밀웜은 크기가 큰 염색체와 작은 염색체를 가진 정자를 모두 생산한다는 사실을 발견했다는 점이다. 그의 관찰에 따르면, 크기가 작은 염색체를 가진 정자는 항상 생물학적으로 수컷인 자손을 낳았다. 스티븐스는 이를 토대로 밀웜 정자에 있는 염색체가 성을 결정한다는 결론을 내렸다. 비슷한 시기 미국의 생물학자 에드먼드 윌슨도 Y염색체를 발견했지만, Y염색체가 성별을 결정한다는 것은 스티븐스만의 생각이었다. 그의 연구는 동물의 성별 결정의 토대를 마련했으며, 이후 인간의 성별 역시 같은 방식으로 결정된다는 사실이 밝혀졌다. 그리고 오늘날 우리가 아는 것처럼 크기가 큰 염색체는 X염색체, 크기가 작은 염색체는 Y염색체라고 이름 붙여졌다.

━━◦ XY염색체로 복잡한 성별 결정 연구해

연구에 따르면, X염색체와 Y염색체는 한 쌍의 같은 염색체에서 진화한 것으로 추정된다. 진화 과정에서 수컷 결정 유전자와 같은 돌연변이 유전자가 생겨나면서 X염색체와 Y염색체로 갈라졌고, Y염색체는 시간이 지나면서 처음 가지고 있던 유전자의 대부분을 잃어버렸다. 그리고 수컷에게는 유익하고 암컷에게는 해롭거나 아무런 영향을 미치지 않는 유전자가 발달해, 감수분열 시에 X염색체와의 유전물질을 교환하는 유전자 재조합이 억제되면서 Y염색체만의 독립적인 진화가 이뤄졌다.

2002년 호주의 유전학자인 제니퍼 그레이브스는 Y염색체가 3억 년간 1438개의 유전자 중 1393개를 잃었다며, 이를 선형적으로 추정해 보면 100만 년당 4.6개의 유전자를 잃어버린 셈이라고 말했다. 그는 이대로 손실되면 1000만 년 뒤 Y염색체가 완전히 사라질 수 있다는 도발적인 주장을 펼쳤다. 하지만 다행히도, 이후 연구들에 따르면 Y염색체는 진화 과정에서 사라지지 않을 것으로 보인다. 다른 동물의 염색체와 비교했을 때, Y염색체가 2억~3억 년 동안 대량의 유전자 소실이 있었던 것은 사실이지만, 2500만 년 전에 퇴화가 끝나고 안정 단계에 접어들었기 때문이다.

어쨌든 Y염색체는 현재 인간의 성별을 결정하는 데 큰 역할을 한다. 그렇다면 인간의 성별은 어떻게 결정될까? 생물학적으로 인간의 성별은 크게 남성과 여성으로 나뉜다. 성별은 일차적으로 정자와 난자가 만나 수정되는 순간 정자가 가진 성염색체에 의해 결정되며, 'XX'면 여성, 'XY'면 남성이다. 여기까지는 중학교 과학 교과서 수준의 일반적인 설명이다. 실제 성별 결정 과정은 이보다 복잡하다.

태아가 XY염색체를 가졌다면 Y염색체의 '성 결정 인자(SRY)' 유전자가 발현된다. 이에 따라 상염색체의 SOX9 유전자가 발현되고 볼프관이 발달해 남성 생식구조가 된다. 반면 XX염색체를 갖는 경우 SOX9 유전자가 활성화되지 않아 뮐러관이 여성 생식구조로 바뀐다.
© International Journal of Molecular Sciences

처음엔 볼프관과 뮐러관을 모두 갖고 있다가 수정 후 6~8주쯤 지나면 둘 중 하나가 퇴화하면서 성별에 맞는 생식기관으로 바뀐다.
© OpenStax

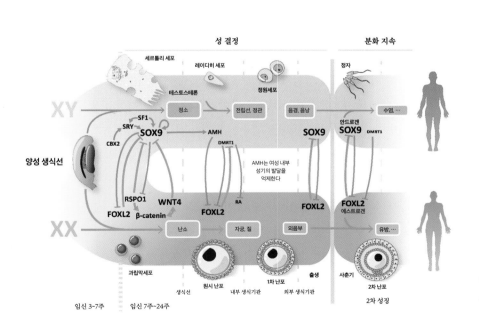

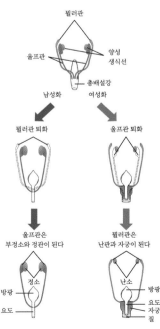

발생 과정을 거치며 태아는 성별에 따른 생식기관을 갖게 된다. 처음에는 각각 남성과 여성의 생식기관으로 발달할 '볼프관'과 '뮐러관'을 모두 갖고 있다. 그러다 수정 후 6~8주쯤 지나면 둘 중 하나가 퇴화하면서 각 성별에 맞는 생식기관으로 변한다. 만약 태아가 XY염색체를 가진 남성이라면, Y염색체의 특정 영역에 있는 '성 결정 인자(Sex-determining region Y, SRY)' 유전자가 발현된다. SRY 유전자가 만들어내는 단백질은 DNA에 결합해 다른 유전자의 발현을 조절하는 역할을 하는데, 특히 상염색체에 있는 SOX9라는 유전자가 발현되도록 만든다. SOX9 유전자가 발현되면, 태아는 볼프관을 발달시켜 정소(고환)와 정자를 만드는 세정관 같은 남성 생식구조를 완성하고, 항뮐러 호르몬을 분비해 뮐러관을 퇴화시킨다. 반면 여성은 SOX9 유전자가 있어도 Y염색체가 없기에 SOX9 유전자가 활성화되지 않는다. 그래서 여성의 신체에서는 볼프관이 퇴화되고, 뮐러관이 자궁과 난관 등 여성 생식구조로 바뀐다.

하지만 성별 결정 과정은 여기서 끝이 아니다. 청소년기에 남성호르몬이나 여성호르몬이 분비되며 2차 성징까지 겪은 뒤에야 비로소 성이 결정됐다고 할 수 있다. 이처럼 성 결정은 X, Y의 성염색체뿐만 아니라 다른 상염색체, 호르몬 등 다양한 요인이 합쳐져 결정되는 매우 복잡한 과정이다. 만약 이 과정 중 하나에 이상이 생긴다면 염색체가 XX여도 남성의 생식기관을 가질 수 있고, XY여도 여성의 생식기관이 발달할 수 있다. 예를 들어 XY염색체를 가진 태아에게서 SRY 유전자가 제대로 발현되지 않는다면, 여성의 생식기관을 가진 채 태어날 수 있다. 반대로 감수분열 과정에서의 오류로 Y염색체의 일부가 섞인 X염색체를 아버지로부터 물려받았을 경우, XX염색체를 가지고 있어 여성의 생식기관이 발달하지만, SRY 유전자가 발현되어 남성의 생식기관도 동시에 갖고 있을 수 있다. 또 XY염색체를 갖고 있어 내부에 정소 등 남성 생식구조를 갖고 있지만, 남성호르몬 수용체에 이상이 생겨 외부 생식기는 여성형으로 발달하는 경우도 있다. 이를 '안드로겐 불감성 증후군'이라고 하며, 이 증후군을 가진 사람들은 외형적으로 여성의 특징을 보여 여성인 줄 알고 살다가 나중에서야 자신의 염색체가 XY인 것을 알게 된다.

이런 사람들은 '간성(intersex)'이라고 하며 전 세계 인구의 1.7% 정도일 것으로 추정되고 있다. 간성에 대한 연구는 많이 이뤄지지 않았기 때문에 간성을 가진 사람들은 심각한 차별, 낙인, 편견을 겪으며 건강이나 복지에 대한 혜택도 제대로 받지 못하고 있다. 인간은 남성과 여성이라는 성별로 깔끔하게 나뉠 것이라고 착각하기 쉽지만, 사람의 성별이 결정되는 과정은 소개한 것처럼 매우 복잡한 과정이며 다양한 형태로 나타날 수 있다. 따라서 생물학적 성별은 이분법이 아니라 '스펙트럼'의 범주라고 생각할 필요가 있다. 생물학의 발달로 과거에 비하면 인간의 성별 결정 과정에 대해 많은 것을 알게 되었지만, 인류에게는 아직도 풀어내야 할 숙제가 많다.

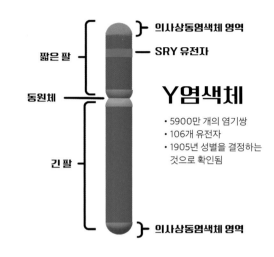

Y염색체에서 SRY 유전자의 위치.
© wikipedia

━○ 기존 방법으로 염기서열 분석하기 힘든 골칫덩이, Y염색체

인류가 풀어야 할 숙제에는 Y염색체도 포함된다. Y염색체와 SRY 유전자의 발견으로 인간의 성별 결정 연구가 크게 진행됐지만, 이로 인해 Y염색체는 '남성을 결정하는 염색체'라는 역할로 고정되어 버렸다. Y염색체의 다른 기능에 대해서는 크게 관심을 두지 않았다는 뜻이다. 남성의 생식구조를 만드는 일 외에 Y염색체의 역할은 없는 걸까? 이를 알아내기 위해서는 우선 Y염색체를 해독해 어떤 유전자들이 있는지 확인해야 한다.

염색체는 유전물질인 DNA와 DNA를 감싸고 있는 히스톤 단백질로 이뤄진 실타래 모양의 구조물로, 세포 분열 시에 우리가 흔히 알고 있는 X자 모양으로 응축된다. 이 중 DNA는 뉴클레오타이드라는 기본 단위로 이뤄져 있

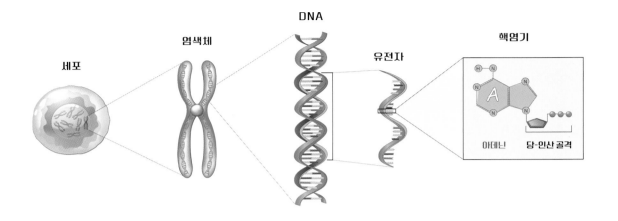

세포　염색체　DNA　유전자　핵염기

아데닌　당-인산 골격

는데, 뉴클레오타이드는 오탄당(탄소 5개를 갖는 단당류)에 네 가지 염기 중 하나와 인산이 결합한 구조다. 네 가지 염기는 각각 아데닌(A), 구아닌(G), 사이토신(C), 티민(T)이다. 0과 1의 배열로 각종 정보를 저장하는 컴퓨터처럼, 네 가지 염기의 배열로 생명체의 유전 정보를 저장하고 있는 것이 DNA다. 염색체를 해독한다는 것은 결국 DNA를 이루고 있는 네 가지 염기가 어떤 순서로 배열됐는지를 알아내는 작업이다.

1977년 영국의 생화학자 프레데릭 생어가 DNA의 염기서열을 알아내는 획기적인 방법을 개발했다. 그는 DNA가 합성되는 방법을 응용했다. DNA는 서로 다른 염기가 붙은 뉴클레오타이드들, 즉 dNTP들이 차례로 연결되며 합성된다. 이때 오탄당에 있는 3번 탄소의 하이드록실기(-OH기)와 5번 탄소의 인산기가 결합해 두 개의 뉴클레오타이드가 연결된다. 생어는 DNA 염기서열을 알아내기 위해 3번 탄소에 -OH기가 없는 디디옥시뉴클레오타이드(ddNTP)를 사용했다. DNA가 합성될 때 ddNTP를 만나면 5번 탄소의 인

생어 염기서열 분석법

① dNTPs

프라이머

DNA 중합효소

② dNTPs

③ G C T A C T

④ ATCCGTAGTGACGA

산기와 반응이 일어나지 않아 더 이상 합성이 되지 않는다. 그래서 생어의 염기서열 분석 방법을 '사슬 종결법(chain termination method)'이라고도 부른다. 서열을 알고 싶은 DNA와 DNA 중합효소, 네 개의 염기가 각각 붙은 dNTP와 ddNTP를 넣으면, ddNTP가 무작위로 결합되어 여러 길이의 DNA 가닥이 생긴다. 어떤 DNA는 반응이 일찍 끝나 길이가 짧을 수도 있고, 어떤 DNA는 ddNTP가 늦게 끼어 들어가 길이가 길 수도 있다. 이 혼합물을 크기별로 분리하면 각 가닥의 마지막 염기가 무엇인지 알 수 있고, 이를 순서대로 정리해 DNA 전체 염기서열을 알아낼 수 있다.

생어의 염기서열 분석법은 이후 40년 동안 계속 개량되며 널리 사용되었다. 네 개의 ddNTP 각각에 다른 형광색을 표지해 색깔로 쉽게 염기를 구별하고, 컴퓨터를 이용해 염기서열 분석을 자동화하는 방법이 고안됐다. 과학자들은 이 방법으로 수많은 동식물의 유전체를 해독하는 데 성공했다.

하지만 생어의 염기서열 분석법에도 단점이 있었다. 이 방법으로는 300~1000개의 염기쌍을 가진 비교적 짧은 DNA 단편만 해독이 가능했고, 그 이상의 유전체를 해독하려면 막대한 시간과 비용이 필요했다. 1990년부터 인간 유전체 프로젝트(Human Genome Project)가 시작됐는데, 인간의 유전체는 약 30억 염기쌍으로 이뤄져 있어 더 많은 양을 한 번에 빠르게 분석할

차세대 염기서열 분석법(NGS).

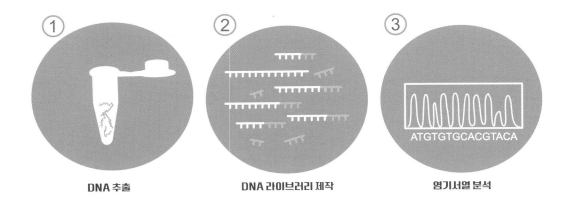

① DNA 추출

② DNA 라이브러리 제작

ATGTGTGCACGTACA

③ 염기서열 분석

수 있는 다른 방법이 필요했다. 이로 인해 차세대 염기서열 분석 방법(NGS)이 등장했다.

NGS에서는 긴 DNA 가닥을 무작위로 50~300개 염기쌍 정도 되는 짧은 조각으로 자른다. 그리고 이 조각을 병렬로 처리해 동시에 염기서열을 해독하고, 데이터를 컴퓨터로 조립해 방대한 유전체 정보를 얻는다. NGS의 등장으로 염기서열 분석 속도가 급격히 빨라졌다. 최근에는 인간의 전체 유전체를 분석하는 데 하루면 가능하다.

물론 NGS에도 단점이 있다. 가장 큰 단점은 반복서열을 해독하기 어렵다는 것이다. DNA에는 유전자를 암호화하는 부분 외에도 다양한 비암호화 서열이 있다. 이 중 특정 염기서열이 반복해서 나타나는 부분을 '반복서열'이라고 한다. 반복서열은 DNA 내에 산재되어 있기 때문에 NGS처럼 짧은 조각으로 DNA를 나누면 반복서열이 정확히 어느 위치에 있는지 찾아내기가 어렵다. 비유를 들어 쉽게 설명하자면, 염기서열을 해독하는 것은 책 한 권을 여러 장, 혹은 여러 문단으로 잘라 모은 뒤 순서대로 맞추는 것과 같다. 책의 모든 문장이 다 다르고, 특징이 있다면 순서를 결정하기 쉬울 것이다. 하지만 같은 문장이 수천, 수백만 번 반복된다면 해당 문장이 어느 페이지에 들어가 있는지 정확히 알아내기 어렵다.

DNA 회문구조는 염기서열이 역방향으로 반복돼 앞으로 읽어도 뒤로 읽어도 염기서열이 같은 구조를 말한다. Y염색체에는 회문구조와 반복서열이 많아 해독하기 어려웠다.
ⓒ wikipedia

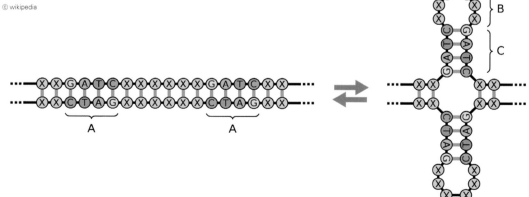

2003년 4월 과학자들은 13년간의 노력 끝에 인간 유전체 프로젝트의 초안을 발표했다. 다만 인간 유전체의 92.1%만 해독이 완료된 상태로, 반복 서열과 같은 구간은 해독되지 않았다. 특히 Y염색체는 X염색체의 1/3 크기 임에도 불구하고 과학자들에게 해독이 어려운 '가장 골치 아픈 염색체'였다. 인간의 모든 염색체에는 반복되는 영역이 있지만, Y염색체에는 유난히 반복 서열과 회문구조(염기서열이 역방향으로 반복돼 앞으로 읽어도 뒤로 읽어도 염기서열이 같은 구조)가 많았기 때문이다. 미국 국립보건원(NIH) 자료에 따르면 Y염색체의 66%가 반복서열로 이뤄져 있다. 이 때문에 2021년 약 8% 가까이 남아 있던 염기서열들이 대부분 해독되어 갈 때도 Y염색체는 절반 이 상이 해독되지 않은 채 남아 있었다. Y염색체를 완전히 해독하는 것은 불가 능한 작업으로 생각될 정도였다.

━━○ 나노포어 이용해 Y염색체 해독하는 데 성공하다

그런데 2023년 8월 NIH 산하 국립인간유전체연구소(NHGRI)의 지원 을 받는 '텔로미어-텔로미어(T2T) 컨소시엄'의 과학자들이 Y염색체 해독에 성공해 국제학술지 「네이처」에 그 결과를 발표했다. 연구팀은 반복서열이 많 은 Y염색체를 해독하기 위해 '나노포어'라는 새로운 염기서열 분석 방법을 활용했다. 나노포어는 원래 세포막에 있는 나노미터(nm, 1nm는 10억분의 1m) 크기의 매우 작은 구멍으로, 물질이 세포로 들어오고 나가는 것을 조절 하는 역할을 하는 단백질이다.

영국의 바이오 기업인 옥스퍼드 나노포어 테크놀로지는 나노포어를 이용해 염기서열을 분석하는 방법을 개발했다. 막에 전압을 걸어주면, 음전 하를 띤 DNA 분자가 나노포어를 통해 막을 통과하면서 전류를 변화시킨다. 이때 DNA의 A, G, C, T 4개의 염기는 모양과 크기가 다르기 때문에 나노포 어를 통과할 때 나타나는 전류의 변화가 각각 다르다. 이 신호를 판독해 염기 서열을 분석한다. 기존의 방법과 달리 DNA를 짧게 조각내지 않고도 실시간 으로 한 번에 수십만 개 이상의 염기서열을 읽을 수 있어 각광을 받고 있다.

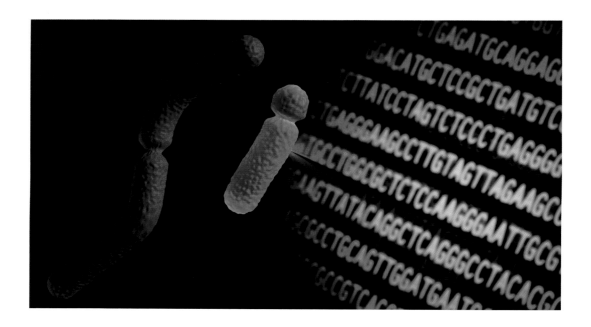

이 기술 덕분에 반복서열을 해독할 수 있는 돌파구가 마련됐다. T2T 컨소시엄은 2022년 3월 Y염색체를 제외하고, 공백으로 남아 있던 인간 유전체의 전체 염기서열을 해독하는 데 성공했다. 그리고 1년이 지난 뒤, Y염색체까지 완전히 해독했다. Y염색체의 반복서열이 워낙 까다로워 여러 번의 재확인을 거쳐야 했기 때문이다.

연구팀은 유럽계 남성 1명의 Y염색체, 6246만 29쌍의 염기를 해독해 반복서열이 어떻게 배열돼 있는지 확인했다. Y염색체의 반복서열은 체계적으로 배열돼 있었는데, 염색체의 거의 절반이 '위성 DNA'라고 알려진 두 개의 특정 반복서열이 번갈아 가며 반복되는 구조로 이뤄져 있었다. 위성 DNA는 단백질을 암호화하지 않는 짧은 특정 DNA 염기서열이 나란히 반복되는 부위를 말한다.

또 연구팀은 Y염색체의 '무정자증 인자 영역(AZF)'이 없어지면 정자를 생산하기 어려워지는 이유도 밝혀냈다. 이 부위에는 정자 생산에 관여하는 여러 유전자가 포함돼 있는데, 바로 이곳이 회문구조가 많은 영역이었다.

DNA에서 회문구조는 헤어핀과 같은 고리 구조를 형성한다. 그런데 우연히 이런 고리가 잘리게 되면, 유전체에 '결실(deletion)'이 일어날 수 있다.

아울러 연구팀은 단백질 합성과 관련된 새로운 유전자를 41개 더 찾았다. 다만 새로 밝혀진 유전자 중 38개는 정자 생산에 관여하는 것으로 추정되는 고환특이단백질(TSPY) 유전자의 복사본들이었다. 대부분의 유전자는 부모로부터 하나씩 물려받아 2개의 사본을 갖고 있지만, 일부 유전자는 같은 사본이 여러 개 반복되기도 한다. TSPY 유전자도 반복 사본이 여러 개 있다는 것은 알려져 있었지만, 구체적인 염기서열과 배열 구조는 밝혀지지 않았다. 이로써 Y염색체에는 단백질 합성에 관여하는 유전자가 총 106개가 있는 것으로 확인됐다.

같은 날 미국 잭슨의학연구소 연구팀도 전 세계 남성 43명의 Y염색체를 분석해 비교한 논문을 「네이처」에 발표했다. 연구팀은 사람들의 Y염색체

나노포어를 이용해 염기서열을 분석하는 방법.
© Nature Biotechnology

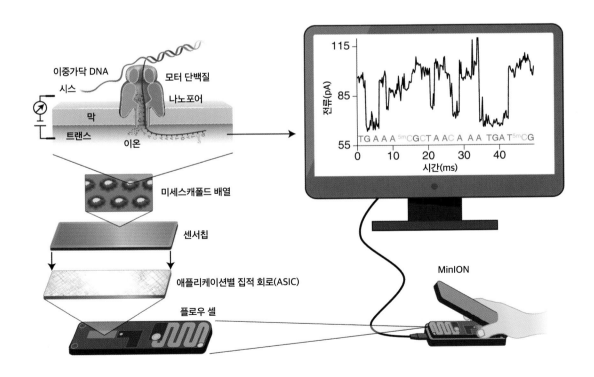

가 굉장히 다양하다는 사실을 발견했다. 43명의 Y염색체는 4520만 염기쌍에서부터 그 두 배 정도인 8490만 염기쌍까지 사람마다 큰 차이가 있었다. 다른 염색체에서는 볼 수 없는 변화다.

또 앞서 소개한 TSPY 유전자의 복사본의 숫자도 남성마다 달랐다. 어떤 남성에게는 23개의 복사본이 있는 반면, 다른 남성에게는 39개의 복사본이 있었다. 연구팀은 개인마다 TSPY 사본이 10~40개로 다양하게 존재한다고 밝혔다. 염색체의 대규모 반복 영역의 길이도 1760만 쌍에서 3720만 쌍까지 남성마다 다양한 길이를 보였다.

연구팀은 Y염색체 해독에 성공함으로써 이제 인류가 Y염색체의 역할을 더 폭넓게 이해할 수 있는 토대를 갖췄다고 말했다. Y염색체를 해독했다는 그 자체만으로도 의미가 크지만, 이보다 더 중요한 것은 전 세계 과학자들이 이를 유용하게 활용할 수 있게 됐다는 점이다. SRY와 정자 생산 관련 유전자를 연구함으로써 이 유전자의 발현을 조절하는 서열을 찾아 성별 결정 과정을 더 자세히 알 수 있고, X염색체와는 어떻게 다르게 진화해 왔는지도 알수 있다. 또 사람마다 다르게 나타나는 Y염색체의 변이들이 남성의 생식 능력이나 다른 특성에 영향을 미치는지도 알아볼 수 있다. 예를 들어 TSPY 유전자의 수나 위치에 따라 정자 생산 능력이 달라질 수 있다. Y염색체의 반복 염기서열을 조사해 어디서 어떻게 시작됐는지, 왜 이렇게 반복서열이 많은지에 대한 이유도 알아낼 수 있다. Y염색체를 제대로 파악할 새로운 기회가 열린 셈이다.

━━○ Y염색체, 남성의 건강에도 큰 역할

Y염색체 해독과 맞물려, 최근 Y염색체가 성 결정이나 남성의 생식 능력 외에도 남성의 전반적인 건강과 질병에 큰 영향을 미친다는 연구 결과들이 하나둘씩 발표되고 있다. 가장 큰 영향은 Y염색체의 소실이다. 나이가 들면 남성은 머리카락과 근육량만 줄어드는 것이 아니라 Y염색체도 사라지기 시작한다. X염색체와 달리 Y염색체에는 세포의 생존에 크게 영향을 주는 유

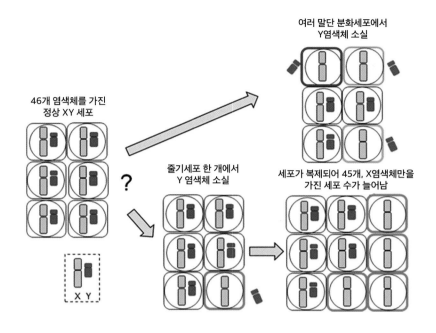

여러 말단 분화세포에서
Y염색체 소실

46개 염색체를 가진
정상 XY 세포

줄기세포 한 개에서
Y 염색체 소실

세포가 복제되어 45개, X염색체만을
가진 세포 수가 늘어남

전자가 없어 남성의 세포는 Y염색체를 잃어버려도 생존하고 증식할 수 있다. 이로 인해 Y염색체가 없는 세포가 점차 체내에 축적된다. 연구에 따르면 70 세 이상 남성의 백혈구 중 약 40%에서 Y염색체가 소실돼 있다고 한다.

Y염색체가 사라지는 이유에 대해서는 아직 명확히 밝혀지지 않았다. 두 가지 가설이 있는데, 첫 번째는 나이가 들수록 체세포 분열 과정에서 염색 체가 잘못 분리될 확률이 높아져 Y염색체가 지속적으로 소실된다는 것이다. 또 다른 하나는 성체줄기세포가 분열할 때 실수가 일어나 Y염색체가 없는 줄 기세포가 생기기 때문이라는 것이다. 이 줄기세포에서 분열된 세포들은 모두 Y염색체가 없는 상태가 된다.

Y염색체가 소실되는 현상은 1963년에 발견됐지만, Y염색체의 소실이 남성의 여러 질병에 영향을 주고, 수명을 단축시킬 수 있다는 연구 결과는 최 근에서야 발표되기 시작했다. 2020년 미국 버지니아주립대 의대와 스웨덴 웁살라대 공동연구팀은 남성의 백혈구에서 Y염색체가 소실되면 심장에 섬 유증이 발생하고 심장 기능이 손상돼 심혈관질환으로 사망할 수 있다는 연

구 결과를 국제학술지 「사이언스」에 발표했다.

공동연구팀은 DNA 편집 도구인 크리스퍼 유전자 가위를 이용해 생쥐의 골수세포(백혈구, 적혈구 등 혈구를 생성하는 역할을 하는 세포)에서 Y염색체를 제거했다. 그리고 이 골수세포를 38마리의 어린 쥐에게 이식했다. 이식받은 쥐의 백혈구 중 49~81%에서 Y염색체가 소실됐다. 연구팀은 이 쥐들을 대조군 생쥐들과 함께 2년간 추적 관찰했다. 그 결과, Y염색체가 소실된 쥐들이 사망할 확률이 더 높았다. 대조군 쥐는 60%가 생존한 반면, Y염색체가 소실된 쥐들은 약 40%만이 생존했다.

Y염색체를 잃은 쥐들은 심장도 약했다. 심장의 수축 강도가 20% 가까이 줄었고, 섬유증이라고 하는 단단한 결합 조직이 축적되는 현상이 급증했다. 섬유증이 생기면 심장 근육이 경직되어 혈액을 펌프질하는 기능이 떨어진다.

연구팀은 Y염색체 소실이 인간에게 미치는 영향도 알아봤다. 영국 바이오뱅크에서 확보한, 1만 5000명 이상의 남성 데이터를 분석한 결과, Y염색체가 소실된 백혈구가 40% 이상인 남성은 그렇지 않은 남성에 비해 심혈관 질환으로 사망할 위험이 31% 더 높았다. 연구팀은 Y염색체가 소실된 대식세포가 심장의 섬유화를 증가시키는 신호 경로를 자극하는 것을 발견했다.

이번 연구에서는 심장에 초점을 맞췄지만, 연구팀은 Y염색체가 소실된 생쥐는 신장과 폐에도 흉터가 생기고 노화에 따라 인지 장애가 가속화된다는 것도 확인했다. 이들은 Y염색체가 어떻게 노화 관련 질병에 영향을 미치는지, 또 심장이 아닌 다른 기관에도 영향을 주는지 후속 연구를 진행할 계획이다.

━● 암 발병과도 관련이 깊어

최근 연구에 따르면, Y염색체는 남성의 암 발병과도 깊은 관련이 있는 것으로 추정된다. 종류에 따라 차이가 있긴 하지만, 대부분의 암은 남성이 여성보다 발병률이 높다. 그동안은 이 차이를 남성이 여성보다 흡연이나 음주

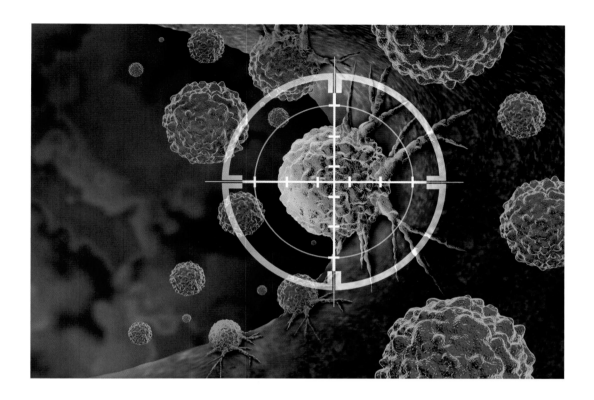

등 나쁜 생활습관을 더 많이 가지고 있기 때문이라고 생각했다. 그런데 2022년 8월 미국 국립암연구소 연구팀은 장기적인 관찰 연구를 통해 생활습관 요인을 빼더라도 여전히 남성의 암 발병률이 여성보다 높다며, 근본적으로 생물학적 성별에 차이가 있다는 연구 결과를 미국 암 학회의 국제학술지 「암 (cancer)」에 발표했다.

연구팀은 생식 관련 기관에서 발병하는 암을 제외하고 50~71세 남녀 모두에게서 발병하는 21가지 유형의 암 발생률을 조사했다. 그 결과 갑상선 암과 담낭암만 여성에게서 발병률이 높고 나머지 암의 발생률은 남성이 여성보다 높았다. 특히 식도암의 발생률은 남성이 10.8배 더 높았고, 후두암과 위 분문부 암은 3.5배, 방광암은 3.3배 더 높았다. 간암, 담관암, 피부암, 대장암, 직장암, 폐암 발생률도 남성이 여성보다 높았다.

연구팀은 흡연이나 음주처럼 암 위험을 높일 수 있는 행동과 신체활동,

최근 연구에 따르면, Y염색체는 남성의 암 발병과도 깊은 관련이 있는 것으로 추정된다.

식습관, 약물 복용 등의 생활습관 요인, 발암물질에 대한 노출 등의 환경적 요인이 암 발생에 차지하는 비율이 그리 크지 않았다고 밝혔다. 가장 영향이 작은 것은 식도암으로 11%에 그쳤으며, 폐암이 가장 커 50% 정도 됐다. 연구팀은 이 결과는 남녀 간의 생물학적 차이가 남성과 여성의 암 발병률에 중요한 역할을 한다는 것을 보여준다고 설명했다. 예를 들어 여성호르몬인 에스트로겐과 프로게스테론은 일부 암의 위험을 낮출 수 있는 것으로 알려져 있다. 하지만 남성의 경우 여성호르몬 수치가 낮은 데다 세포 성장을 촉진하는 남성호르몬 테스토스테론의 수치가 높아, 호르몬의 영향이 한 요인이 될 수 있다. 또 X염색체에는 종양 억제 유전자가 여럿 포함돼 있는데, 여성의 경우 X염색체가 두 개이기 때문에 (X염색체 불활성화에도 불구하고) 하나만 있는 남성보다는 유전자의 발현 수준이 높을 수 있다고 추정했다. 연구팀은 X염색체와 Y염색체의 영향이 분명히 있을 것이라고 강조했다.

2023년 6월에는 Y염색체가 남성의 방광암과 대장암에 영향을 미친다는 두 편의 연구 결과가 발표됐다. 미국 시더스-시나이 병원 연구팀은 방광암에 걸린 남성 중 Y염색체 유전자의 발현이 거의 또는 전혀 없는 남성이 Y염색체 유전자의 발현이 높은 남성보다 오래 살지 못한다는 사실을 발견했다. 연구팀은 그 이유를 알아보기 위해 Y염색체가 있는 쥐와 없는 쥐의 방광암 세포를 연구했다. 두 방광암 세포를 정상적인 면역체계를 가진 수컷 쥐에 이식했을 때, Y염색체가 없는 세포에서 종양이 2배 더 빨리 성장했다.

연구팀은 Y염색체가 없으면 방광암이 면역체계를 더 잘 회피할 수 있기 때문이라고 설명했다. 인체의 면역체계는 외부의 병원균이나 바이러스로부터 우리 몸을 보호하는 역할뿐만 아니라 암세포처럼 비정상적으로 변화한 세포를 없애는 일도 한다. 암세포를 공격하는 가장 대표적인 면역세포가 세포 독성 T세포다. 그런데 암세포는 T세포의 공격을 차단하기 위해 PD-L1이라는 단백질을 활성화한다. 연구팀은 Y염색체가 없는, 방광암에 걸린 생쥐와 사람 세포 모두에서 PD-L1 단백질 수치가 더 높다는 사실을 발견했다. 그리고 실제로 Y염색체가 없는 방광암 쥐의 T세포는 정상보다 덜 활동적이었다. 다만 이 경우 현재 '면역항암치료'로 알려진 면역관문억제제를 투여하면 정상적으로 Y염색체가 있는 경우보다 더 좋은 효과를 보였다.

이와 반대로 Y염색체가 암을 악화시키기도 한다. 미국 텍사스대 MD 앤더슨 암센터 연구팀은 Y염색체의 특정 유전자가 대장암을 다른 장기로 전이시키고 예후를 악화한다는 연구 결과를 발표했다. 연구팀은 여러 대장암 유형 중에서 KRAS 유전자에 돌연변이가 있는 경우 남성이 여성에 비해 전이 빈도가 높고, 생존 기간이 짧다는 사실을 발견했다. KRAS는 세포가 성장하고 분열하도록 돕는 단백질인데, 정상적인 경우라면 세포가 분열할 때만 만들어진다. 그런데 KRAS 유전자에 돌연변이가 생겨 이 단백질이 항상 만들어지면, 세포는 무한히 증식해 암세포가 된다.

연구팀은 성별에 의한 차이가 이러한 결과를 만들었을 것이라 생각하고 그 원인을 찾았다. 그 결과, Y염색체에 있는 'KDM5D'라는 유전자가 과도하게 발현된다는 사실을 발견했다. KDM5D 유전자는 암세포 사이의 연결을 느슨하게 만들어 종양에서 암세포를 쉽게 떨어져 나가게 만든다. 그리고 면역세포가 암세포를 탐지하지 못하도록 억제해 암이 다른 곳으로 퍼지는 것을 도왔다. 연구팀은 생쥐 실험을 통해 KDM5D 유전자를 제거하면 암세포의 전이가 줄어드는 것을 관찰했다고 밝혔다.

이처럼 Y염색체는 최근 성별 결정 및 생식 능력을 넘어서 남성의 건강과 생존에 중요한 역할을 한다는 사실이 밝혀지고 있다. Y염색체의 염기서열 완전 해독에 힘입어, 앞으로 Y염색체 연구는 더욱더 속도를 낼 수 있을 것으로 기대된다. 이는 궁극적으로 남성과 여성의 생물학적 차이, 건강 및 질병의 차이를 이해하는 데 큰 도움이 될 것이다.

9

애플 비전
프로

한세희

지디넷코리아 과학전문기자이다. 전자신문 기자와 동아사이언스 데일리뉴스 팀장을 지냈다. 기술과 사람이 서로 영향을 미치며 변해 가는 모습을 항상 흥미롭게 지켜보고 있다. 『어린이를 위한 디지털과학 용어사전』, 『챗GPT 기회인가 위기인가(공저)』, 『과학이슈11 시리즈(공저)』 등을 썼고, 『네트워크 전쟁』 등을 우리말로 옮겼다.

애플 비전 프로로 보는
혼합현실 기기

2021년 10월 페이스북은 회사 이름을 '메타'로 바꾼다고 발표했다. 소셜미디어의 대명사나 다름없던 기업이 새로운 사업으로 방향을 틀겠다고 선언한 것이다. 새 이름에서 유추할 수 있듯 페이스북이 추진하는 신규 사업은 '메타버스'였다. 마크 저커버그 CEO는 "앞으로 5년 후 페이스북은 소셜미디어 기업이 아니라 메타버스 기업으로 인식될 것"이라고 말하기까지 했다. 앞서 메타는 가상현실(Virtual Reality, VR) 헤드셋 제조사 '오큘러스'를 인수한 바 있고, 3D 아바타 기반의 VR 소셜미디어 서비스도 내놓았다.

당시 세계는 메타버스 열풍이 한창이었다. 기존 컴퓨터나 스마트폰이 보여주던 세상을 넘어, VR 기기 등을 활용해 가상의 디지털 공간에 몰입하며 게임과 엔터테인먼트, 업무와 교육 등을 하는 메타버스 세상이 열리리라는 기대가 컸다. 특히 당시 코로나19 팬데믹 때문에 일상의 상당 부분이 디지털 기술 기반의 비대면으로 이뤄지던 시기라 메타버스의 성장 가능성에 대한 기대는 더욱 증폭되었다. '포트나이트'나 '로블록스'처럼 자유도 높은 인기 온라인 게임, 또는 네이버의 '제페토' 같은 3차원(D) 아바타 기반 소셜 네트워크 등이 메타버스의 선구자로 주목받았다.

메타버스는 VR 기기와 게임 등을 중심으로 꾸준히 IT 업계에서 저변을 쌓아왔고, 코로나19로 관심이 커지면서 대기업들도 많이 참여하여 큰 도약이 기대되었다. 하지만 메타버스는, 적어도 지금까지는, 한때의 열풍을 넘어 시장에 안착해 사람들의 삶을 바꾸지는 못했다. 주목할 만한 VR 헤드셋 기기가 나오고 다양한 VR 서비스도 시도되었으나 찻잔 속 태풍 느낌이었다. 메타의 참여에도 메타버스에 대한 반응은 뜨뜻미지근했다.

그래서 메타버스에도 '아이폰 모멘트'가 필요하다는 이야기가 관련

사용자가 헤드셋 형태의 기기 '애플 비전 프로'를 착용하고 있다. 애플 비전 프로는 2023년 6월 애플이 '세계개발자회의(WWDC)'에서 공개했다.
© Apple

업계에 돌았다. 스마트폰의 아이디어가 진작부터 나왔고, 많은 기업이 도전하여 적지 않은 성과도 이루었으나 대중적으로 받아들여지는 제품은 나오지 않았다. 2007년 애플이 아이폰을 내놓고 나서야 스마트폰은 폭발적으로 성장하며 세상을 바꾸었다. 사실 아이폰의 구성 요소 중 상당수는 기존에 이미 있던 기능이나 기술이었다. 사용자가 진정 편리함과 효용을 느낄 수 있도록 기존 기술과 자체 개발한 신기술을 잘 조합하고 정교한 디자인과 사용자 경험을 제공한 것이 아이폰의 성공 요인이었다. 사용자의 드러나지 않은 욕구를 정확히 겨냥해 아이폰으로 스마트폰 시장을, 아이패드로 태블릿PC 시장을, 애플 워치로 스마트워치 시장을 새롭게 만들어낸 애플이 메타버스 분야에도 진출해 새롭게 시장을 열기를 기대하는 사람이 많았다.

실제로 애플이 머리에 뒤집어쓰는 헤드셋 형태의 VR 기기를 개발하는 중이라는 소문은 이미 2015년 전후로 꾸준히 IT 업계에 돌았다. 하지만 회사 내부 모든 사안을 철저히 비밀로 유지하는 애플 특성 때문에 자세한 내용은 확인되지 않았다.

그러다 2023년 6월 애플은 캘리포니아주 쿠퍼티노 본사에서 열린 자사 개발자 행사인 '세계개발자회의(WWDC)'에서 마침내 헤드셋 형태의 기기 '애플 비전 프로'를 발표했다. 비록 메타버스니 VR 같은 말은 기기 이름에도, 제품 발표 행사에서의 프레젠테이션에서도 등장하지 않았지만 말이다. 애플은 비전 프로를 '공간 컴퓨터'라는 생소한 용어로 소개했다. 2024년 초 출시 예정이며 가격은 3,499달러, 우리 돈으로 약 450만 원이다.

⊶ VR, AR, MR?

보통 '메타버스'라고 하면 커다란 스키 고글처럼 생긴 VR 헤드셋을 끼고 실제와 다름없이 구현된 가상의 3차원 공간에서 3D 아바타가 되어 자유롭게 활동하는 모습을 떠올린다. '메타버스'라는 말을 처음 탄생시킨 닐 스티븐스의 SF 소설 『스노 크래시(Snow Crash)』나 메타버스에 대한 설명 예시로 자주 등장하는 스티븐 스필버그 감독의 영화 '레디 플레이어 원(Ready Player One)'에 묘사된 세상이다. 이런 소설이나 영화에서 주인공은 헤드셋을 끼고 현실과 완전히 분리된 디지털 가상세계에 들어가 몰입하며 생활한다. 현재 시중에 나와 있는 VR 기기들은 사용자를 현실과 완전히 분리시켜 3D 가상 공간에서 게임을 하거나 실제 관광지나 여행지를 가상 체험하는 콘텐츠를 이용하게 하는 등의 기능을 한다.

그래서 메타버스를 VR과 동의어로 생각하는 경우가 많다. 물론 VR은 메타버스를 경험할 수 있는 좋은 방법 중 하나이고, 기술 발전에 따라 앞으로 무한한 가능성을 갖고 있기도 하다. 하지만 메타버스는 현실과 디지털 가상세계가 연계되는 다양한 모습을 두루 포괄할 수 있다. 메타버스는 '~을 넘어'나 '~을 초월하는' 또는 '(~자체에) 대한'이라는 뜻을 담은 접두어 '메타(meta)'와 우주나 세계를 뜻하는 '유니버스(universe)'의 합성어이다. 현실을 초월하는 3D 가상세계뿐 아니라 '세계에 대한 세계' 역시 메타버스가 될 수 있다. 쉽게 말해 현실의 토론장을 온라인에 옮긴 인터넷 게시판이나 현실의 도로를 디지털 공간에 보여주는 내비게이션도 넓은 의미의 메타버스가 될

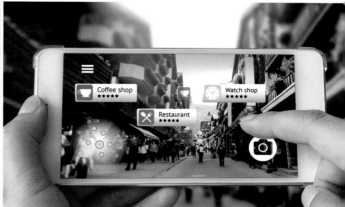

수 있다는 것이다.

실제로 VR 못지않게 유용하고 잠재력이 큰 기술로 증강현실(AR, Augmented Reality)이 꼽힌다. '늘리다', '증가시키다'라는 뜻의 영어 단어 '오그먼트(augment)'가 쓰인 것에서 알 수 있듯, 실제 현실에 디지털 형태의 정보를 덧대어 보여주는 것을 말한다. 업무와 교육, 게임 등에 유용하게 활용할 수 있을 것으로 기대된다.

현실의 장소에 스마트폰을 들이대면 사냥할 수 있는 캐릭터가 화면에 뜨는 '포케몬 고' 게임이 좋은 예이다. 자동차 운전석 앞 전면 유리에 길 찾기 정보를 보여주는 기술도 연구 중이다. 밤하늘을 스마트폰으로 비추면 별자리 정보를 시각적으로 보여주는 교육용 앱도 AR 기술에 기반을 둔 것이다. 외국 여행을 갔을 때 교통 표지판이나 식당 메뉴에 스마트폰을 가까이 대면 사용자 언어로 번역해주는 '구글 렌즈' 같은 기능도 AR의 좋은 예이다. 그리고 우리가 이미 매우 자주, 많이 쓰고 있는 AR 기능이 있다. 인스타그램이나 스노우 같은 앱으로 사진을 찍을 때 여러 가지 재미있는 모습으로 얼굴을 꾸미는 '필터'들이 바로 AR 기술이다.

AR과 비슷한 것으로 혼합현실(Mixed Reality, MR)이란 말도 쓰인다. MR은 '혼합'이란 말 그대로 가상과 디지털 세계가 섞여 있는 모든 상태를 말한다. 일반적인 '현실'과 디지털 기술로 창조한 완전한 몰입형 가상세계

◀
가상현실(VR) 헤드셋을 쓰고 미국 뉴욕거리를 구경하고 있다.

▲
증강현실(AR)을 통해 주변 거리의 가게 정보와 평판을 확인하고 있다.

(VR)를 양 끝에 둔 스펙트럼 위의 어느 지점에 있는 것은 모두 MR이라 할 수 있다. 이런 의미에서 AR은 MR의 일부가 된다. 실제 사물과 가상의 사물이 한 공간에 존재하며 상호작용하는 세계라 할 수 있다. MR 기기에서 외부와의 연결 고리가 없는 순수 디지털 콘텐츠만 실행시키면 VR 기기가 된다.

마이크로소프트는 자사 헤드셋 기기 '홀로렌즈'를 MR 기기로 소개한다. 홀로렌즈를 낀 작업자가 멀리 떨어진 본사 지원센터에서 보내오는 제품 관련 정보를 기기의 화면에서 보면서 고장 난 제품을 수리하는 모습을 보여준다. 의사는 홀로렌즈를 끼고 환자의 X레이 사진 등 의료기록을 보는 동시에 협진하는 다른 의사와 실시간 영상 통화를 하면서 환자를 진료할 수 있다. 홀로렌즈를 끼고 집 안을 들여다보며 가상의 가구를 이리저리 자리를 바꿔가며 배치하거나, 여러 디자인의 디지털 벽지를 벽에 붙여보며 어떤 벽지가 어울릴지 비교할 수도 있다. 영화 '아이언맨'이 슈트를 입고 싸울 때 인공지능 비서 '자비스'가 눈앞에 각종 정보를 띄워 주는 것도 AR의 미래 모습이라 할 수 있다.

이를 기술적으로 세분하여, AR은 현실 세계를 본판으로 하여 디지털 정보를 올리는 형태로, MR은 헤드셋 기기의 카메라가 비춘 이미지를 디지털 세상과 혼합하는 것으로 나누기도 한다. AR 기기는 사용자가 눈앞의 현실을 실제로 볼 수 있게 하며, 여기에 컴퓨터가 만들어낸 이미지를 결합해 보여주는 '광학 투시(Optical See Through)' 방식이다. MR 기기는 사용자가 외부를 실제로 본다고 하기보다는 카메라가 촬영하는 실시간 영상을 컴퓨터가 만든 디지털 요소들과 결합하여 보는 '비디오 투시(Video See Through)' 방식이라 할 수 있다. 반면, VR 기기는 사용자에게 보이는 모든 것이 현실과 상관없이 컴퓨터에 의해 생성된 이미지인 경우라 할 수 있다. 또한 VR이나 AR, MR처럼 현실 세계를 디지털 세계와 연계하는 모든 관련 기술을 포괄하는 표현으로 확장현실(eXtended Reality, XR)이라는 용어도 쓰인다.

VR 기기 시장은 2010년 전후 오큘러스 같은 기업이 VR 헤드셋 '퀘스트'를 내놓으며 조금씩 확장되기 시작했다. 2014년 페이스북이 오큘러스를 인수하고 VR 기반 소셜미디어와 게임 서비스를 시작하며 VR 시장에 투

2015년 화제가 됐던 매직 리프(Magic Leap)의 고래 영상. 농구장 바닥에서 혼합현실(MR)로 구현된 거대한 고래가 솟구치니 관람객들이 탄성을 지른다.
© Magic Leap

자하기 시작했다. 이어 소니, 구글, HTC, 삼성전자 등 주요 글로벌 IT 기업들도 VR 시장에 뛰어들었다. 2020년 전후 코로나19 팬데믹을 맞아 메타버스가 큰 관심을 모았지만, VR 헤드셋 시장 자체는 '퀘스트' 제품군을 앞세워 가장 적극적으로 시장 공략에 나선 메타가 주도하는 모양새이다. 물론 퀘스트도 이제는 MR 기기라 부르는 것이 더 적절할 것이다. 여기에 구글, 메타 등 일부 기업들이 AR에 초점을 맞춘 스마트 글라스 관련 시도를 조금씩 하고 있는 것이 현재 관련 업계 상황이라 할 수 있다.

━━○ 애플 비전 프로 공개

이런 가운데 2023년 6월 애플이 '비전 프로'를 발표한 것이다. 2024년 2월 2일 미국 시장에 먼저 출시되는 이 제품이 메타버스 시장의 '아이폰 모멘트'를 만들어낼 수 있을지 주목된다. 애플이 발표한 제품 사양과 기능을 기준으로 판단한다면, 비전 프로는 현존 최고 성능과 기능의 XR 기기가 될 것으로 보인다.

애플 비전 프로. 12개의
카메라, 5개의 센서, 6개의
마이크를 비롯해 2개의
마이크로 OLED 디스플레이,
M2와 R1 프로세서 등이
장착돼 있다.
© Apple

애플은 비전 프로를 VR 기기나 메타버스 기기가 아니라 '공간 컴퓨터'
라고 부른다. '디지털 콘텐츠와 물리적 세계를 매끄럽게 어우러지게 한다'는
설명을 보면 MR 기기라고 볼 수 있지만, 애플은 의도적으로 VR이나 MR,
메타버스 같이 기존 업계에서 통용되는 용어를 거부하고 비전 프로를 새로
운 카테고리의 제품으로 인식시키려 하고 있다. 실제적 기능이나 외관은 다
른 기업에서 나온 VR이나 MR 기기와 비슷한 점이 많다. 다만, 훨씬 비싼 부
품과 기술을 사용해 성능을 대폭 끌어올렸다.

2300만 픽셀의 4K 이상급 해상도를 자랑하는, 우표 크기의 마이크
로 OLED 디스플레이를 2개 사용해 무한에 가까운 공간 안에 들어온 듯한
느낌을 사용자에게 준다. 자체 개발한 애플 비전 프로 전용 운용체계 '비전
OS(Vision OS)'와 전용 반도체 프로세서 'R1'을 탑재했다. 아이폰, 맥 등에
사용하기 위해 애플이 개발한 M2 프로세서에 실시간 처리를 담당하는 R1
칩을 같이 사용한다. R1은 애플 비전 프로에 달린 12개의 카메라와 5개의
센서, 6개의 마이크에 들어오는 내부 및 외부 정보를 처리하는데, 특히 눈

깜빡이는 속도보다 8배 빠른 12밀리초의 속도로 영상을 처리한다. VR 체험의 고질적 문제인 멀미 현상을 방지할 수 있다는 것이다. 내부의 카메라는 사용자의 얼굴과 표정을 읽고 인공지능의 힘을 빌려 사용자 아바타를 생성해, 다른 사람에게도 자연스러운 존재로 인식되도록 한다. 또 별도 컨트롤러 없이 눈동자 움직임이나 손가락으로 쥐는 동작 등만으로 조작할 수 있다.

애플 비전 프로를 쓰고 가상의 공간에 들어가 아이폰이나 맥 컴퓨터에서 쓰던 업무용 앱을 훨씬 크고 넓게 느껴지는 공간에서 사용하거나, 애플 TV+나 디즈니플러스 같은 온라인 스트리밍 콘텐츠 서비스를 몰입감 있게 즐길 수 있다. 애플 아케이드를 통해 제공되는 게임 100여 개를 즐길 수 있다. 비전 프로를 쓰고 생생하게 페이스타임 영상 통화를 하거나, 3D 공간감을 표현하는 사진과 영상을 찍어 생생하게 경험할 수 있다. 아이폰으로 찍은 파노라마 사진을 애플 비전 프로로 보면, 사진이 확대되면서 사용자를 감싸 마치 사진을 찍은 그 순간으로 돌아가는 듯한 느낌을 준다고 애플은 강조한다.

애플 비전 프로를 쓰면 3D 인터페이스를 통해 여러 개의 앱을 원하는 크기와 순서로 배열해 멀티태스킹 하며 사용할 수 있다. 자연광에 반응하여 기기를 통해 보는 공간에 그림자가 드리워지는 등 사용자가 공간의 크기감과 거리감을 느낄 수 있다. 이를 통해 디지털 콘텐츠의 모습이나 분위기가 사용자의 물리적 세상 속에서 현실적으로 느껴지게 한다.

또 손목시계의 오른쪽에 달린 태엽과 비슷한 '디지털 크라운'을 돌려 완전한 몰입 환경으로 전환할 수 있고, 현실을 얼마나 비춰줄지를 결정할 수도 있다. 다른 사람이 비전 프로를 착용한 사람에게 가까이 다가가면 기기가 투명하게 느껴지게 되어 사용자의 눈이 보이고 사용자도 주변 사람을 볼 수 있는 '아이사이트(EyeSight)' 기능도 눈에 띈다.

━━○ 애플 비전 프로, 메타버스? 공간 컴퓨팅?

애플이 비전 프로를 소개하며 메타버스나 가상현실(VR) 같은 말은 한 번도 언급하지 않았다. 다만 증강현실을 위한 기기라는 언급은 있었다. 대신 애플이 선택한 용어가 '공간 컴퓨팅(spatial computing)'이다. 공간 컴퓨팅은 디지털 공간 속에 몰입된 상황에서 자연스러우면서도 풍성한 경험을 하게 하는 기술과 서비스를 가리키는 말로 최근 쓰임새가 늘어나고 있는 말이다.

인간과 컴퓨터가 상호관계를 맺는 환경을 VR이나 AR과 같은 방식으로 설명할 수도 있지만, 인간이 컴퓨터가 만들어내는 디지털 공간 속에서 새로운 방식으로 활동하는 것으로 바라보고 설명할 수도 있다. 공간 컴퓨팅은 디지털 환경을 마치 사람이 그 안에 들어가 활동할 수 있는 공간처럼 간주하는 것이다. 지금은 서로 멀리 떨어져 있는 사람이 줌 같은 화상회의 플랫폼에서 스마트폰이나 모니터에 뜬 서로의 섬네일 영상을 보며 회의하지만, 앞으로는 MR 혹은 공간 컴퓨팅을 사용해 디지털 공간 속의 아바타들이 마치 실제 회의실 탁자에 같이 둘러앉아 있는 듯한 생생함을 느끼며 회의를 하게 된다. 이는 강력한 컴퓨팅 파워와 생생하고 정교한 디스플레이, 빠른 속도의 대용량 통신이 발달함에 따라 가능해진 것이기도 하다. 즉, 스마트폰이나 PC 같은 현재의 디지털 기술은 디지털 세상이 표현된 스크린을 사용자가 바라보는 것이라면, 공간 컴퓨팅은 사용자가 스크린 안 디지털 공간에 들어가 있는 듯한 환경을 지향한다. VR이나 AR, 몰입 환경처럼 메타버스에 결부된 사용자 경험이나 기술, 서비스 등을 포괄할 수 있는 개념이다.

공간 컴퓨팅은 컴퓨팅의 새로운 영역을 개척하는 것이기도 하다. 애플의 팀 쿡 CEO는 WWDC에서 "맥이 개인용 컴퓨터, 아이폰이 모바일 컴퓨팅의 시대를 열었던 것처럼 비전 프로는 우리에게 공간 컴퓨팅을 선보인다"라고 말했다. 책상 위에 놓인 개인용 컴퓨터는 사람들이 디지털 세계를 접할 수 있는 문을 열었고, 항상 들고 다니는 스마트폰은 디지털 세상과 현실 세계를 연결해 새로운 가치를 만들 수 있게 했다. 그리고 이제 우리는 공간 컴퓨팅을 통해 디지털 세상 '속'에 현실 세계를 옮겨 놓고 그 안에서 활동할 수 있게 될지 모른다.

그렇다면 애플은 왜 굳이 '공간 컴퓨터'라는, 아직은 대중에 생소한 개념을 내세우고 있을까? 애플은 그간 IT 산업계에 메타버스 열풍이 부는 동안에도 의도적으로 이런 흐름과 거리를 두어 왔다. 쿡 CEO 역시 AR이 중요

한 기술이 될 것이라는 의견을 간간이 인터뷰 등을 통해 드러낼 뿐 메타버스
나 VR에 대해서는 언급한 적이 없다. 하지만 애플이 어떤 이름을 붙여 어떤
식으로 마케팅을 하건, 애플 비전 프로는 메타가 내놓은 '퀘스트' 등 기존 메
타버스나 XR 제품과 본질적으로 큰 차이가 없어 보인다. 그럼에도 이런 용
어를 쓰지 않은 이유는 애플이 시장에 휩쓸리지 않고 독자적인 생태계를 구
축하고 싶기 때문일 수 있다. 메타나 구글이 먼저 치고 나간 시장에 뒤늦게
참여하는 모양새를 연출하는 것보다는 아이폰, 맥, 아이패드, 애플 워치 등
과 연계되어 애플의 독자 생태계를 구성하는 제품 중 하나로 자리매김하기
를 원한다는 뜻이다. 실제로 비전 프로는 아이폰, 맥에서 쓸 수 있는 앱이나
페이스타임, 사진 등을 그대로, 단지 좀 더 크고 생생하고 몰입된 느낌으로,
쓸 수 있게 하는 것에 초점을 맞추고 있다.

　　또 하나 생각할 수 있는 이유는 애플이 VR처럼 외부와 차단된 완전한
몰입을 일으키는 것에 대해 윤리적 이유로 거부감을 갖고 있을 수 있다는 점
이다. 비전 프로 개발팀은 본래 완전한 몰입형 VR 기기를 만들고 싶었으나,
애플의 디자인 책임자였던 조니 아이브가 반대해 사용자가 주변 환경을 볼
수 있는 형태로 바꾸었다는 외신 보도가 나오기도 했다. 사용자가 현실과 단
절되어 완전히 가상세계에 빠질 가능성을 우려했다는 뜻이다. 공개된 비전

프로는 실제로 다른 사람이 근처에 오면 사용자가 보는 디스플레이에 그의 모습이 보이고, 외부를 향한 디스플레이의 밝기가 변하면서 사용자의 눈이 나타나 다른 사람과 마주칠 수 있게 하는 '아이사이트' 기능을 넣는 식으로 단절 문제를 줄이는 데 많은 신경을 썼다. 비전 프로 착용자 주변에 다른 사람이 다가오면 착용자의 눈 모양 등을 인공지능이 외부에서 볼 수 있는 디스플레이에 만들어내 보여주어 마치 눈을 맞추며 상호작용하는 듯한 느낌을 제공한다.

메타버스와 VR을 언급하지 않는, 그러나 사람들이 흔히 메타버스나 VR이라 부르는 것을 구현하기 위해 가장 비싼 부품과 다양한 기술을 쏟아부은 비전 프로가 과연 VR 또는 메타버스의 '아이폰 모멘트'를 만들 수 있을까? 과연 3,499달러, 우리 돈 450만 원을 내고 구매할 만한 가치가 있다고 소비자들을 설득할 수 있을지 주목된다.

━━○ XR 기기 시장 구도

현재 VR, AR, MR 등을 포괄하는 XR 시장을 주도하는 것은 메타이다. 2014년 VR 기기 제조사 오큘러스를 인수한 이후, 2021년 회사 이름을 메타로 바꾸기 전에도, 꾸준히 새로운 VR 기기와 서비스를 내놓으며 시장을 키워왔다. 시장조사회사 카운터포인트리서치에 따르면, 2022년 XR 기기 출하량은 약 1800만 대이며 2022년 4분기 기준으로 메타가 시장의 81%를 차지한다. 그 외 몇몇 중국 기업이 15% 정도, 소니와 대만 HTC가 나머지 5%를 차지한다.

메타는 2020년 '퀘스트 2'를 발매해 출시 1년 만에 1000만 대 이상 판매했다. 퀘스트 2는 349.99달러 (약 45만 원) 정도의 가격으로 준수한 성능의 VR을 구현하며 메타를 이 분야 선두주자로 올려놓았다. 2022년에는 '퀘스트 프로'를 선보였다. 적외선 센서로 얼굴을 포착해 좀 더 자연스럽고 생생한 소통이 가능하게 했다. 기기 외부 세상도 볼 수 있는 MR 기능도 추가했다. 애플 비전 프로에 적용된 주요 개념들이 이미 조금씩 적용되어 있는

셈이다. 가격은 999.99달러(약 130만 원)로 높은 편이었다.

하지만 XR 시장은 이제 막 시작하는 단계이다. 폭발적으로 성장할 기회를 아직 만들어내지 못하고 있다. 현재의 시장 점유율은 큰 의미가 없을 수도 있다. 이런 가운데 애플 비전 프로가 2024년 공개된다. 과거 스마트폰이나 태블릿PC 시장처럼 애플의 시장 진입과 함께 판이 완전히 달라질 수도 있다.

이에 대한 대응으로 메타가 내놓은 것이 MR 기기 최신 버전 '퀘스트 3'이다. 애플 비전 프로가 공개되기 며칠 전 공개했다. 두 대의 RGB 컬러 카메라와 깊이감을 느끼게 해 주는 프로젝터를 통해 가상 공간과 실제 공간을 실감 나게 혼합하는 MR 기기이다. 그래픽 처리 능력을 퀘스트 2의 2배 수준으로 높이고, 4K급 디스플레이를 장착했다. 로블록스 등 인기 게임과 연계한 게임 경험을 강조했다. 가격은 499달러, 우리 돈 69만 원부터 시작한다. 애플 비전 프로의 7분의 1 수준이다. 애플이 최고급 제품을 내놓아 시장의 기준을 제시한다는 접근이라면, 메타는 대중 시장에 침투하겠다는 의지를 좀 더 강하게 보이고 있다.

━○ 메타의 MR 전략은?

그렇다면 MR 시장을 바라보는 메타의 접근 방법은 무엇이며, 애플과 어떻게 다를까? 메타는 소셜미디어인 페이스북과 인스타그램, 메신저인 왓

츠앱 등의 비즈니스를 하고 있다. 디지털 기술을 활용하여 사람들을 연결하고 커뮤니티를 만들 수 있게 하며, 이 과정에서 광고 수익을 올리는 것이 기본적인 수익 모델이다. 따라서 MR 기기는 물론, MR 기술을 통해 사람들을 새롭게 연결할 소셜 서비스와 게임 등에 관심을 갖고 있다. 디지털 기술을 매개로 페이스북 위에 사람들을 모이게 한 것처럼 이제 메타버스 안에 사람들을 모아 더 강력하게 디지털화된 방식으로 소통하게 하겠다는 뜻이다.

페이스북이 제시하는 메타버스의 비전은 포괄적이다. 우선 마치 옆에 앉아 대화하는 듯한 '실재감(presence)'을 디지털 공간에서도 구현하고 싶어 한다. 온라인 대화, 채팅, 화상회의, 업무 등이 좀 더 현실감 있게 이뤄지게 하겠다는 뜻이다. 인터넷을 '보는' 것이 아니라 인터넷 안에 '들어가 있는' 경험이 목표다. 저커버그는 이를 '체화된 인터넷(embodied internet)'이라 불렀다. 이는 애플이 말하는 공간 컴퓨팅과 비슷하다고 할 수 있다.

이러한 메타버스 안에 사람들이 디지털 창작물을 만들어 사고파는 크리에이터 이코노미의 장을 만든다. 지리적으로 새로운 시장을 개척하듯 디지털 가상 공간에 새로운 시장을 개척하겠다는 말이다. 세계 어디에 있건 업무에 지장이 없어진다. 한국에서 미국으로 이주하지 않고도 실리콘밸리 기업에서 근무할 수 있다는 이야기다.

무엇보다 메타는 메타버스를 모바일 이후 다가올 새로운 컴퓨팅 환경으로 간주하고, 이 분야를 선점하겠다는 의지를 갖고 있다. 스마트폰 시대의 지배자는 모바일 OS와 플랫폼을 가진 애플과 구글이다. 페이스북은 페이스북과 인스타그램, 왓츠앱 등 소셜네트워크서비스(SNS)를 통해 애플과 구글 못지않은 사용자 기반을 만들었지만, OS도 하드웨어도 없는 상태에서는 모바일의 근간을 통제하는 애플과 구글에 맞서기에 한계가 있다. 애플이 광고 목적으로 각 앱들이 사용자를 추적하는 것을 제한하는 정책을 실시하자 페이스북과 인스타그램의 광고 사업은 심각한 타격을 입었다. 메타가 이같은 외부 영향에서 벗어나는 길은 스스로 하드웨어와 OS를 통제하는 것이다. 차세대 컴퓨팅 환경이 될 메타버스, 혹은 애플식으로 표현하자면 공간 컴퓨팅에서 그 길을 찾고자 하는 셈이다.

메타는 일찍이 차세대 컴퓨팅 환경으로 점 찍은 VR 분야를 주도하기 위해 오큘러스를 인수해 헤드셋을 만들고 소셜 VR 서비스를 시작하면서 발빠르게 움직였다. 여기서 한발 더 나아가 이제 메타버스에 깃발을 먼저 꽂아 자신들이 주도할 수 있는 새로운 판을 만들고 싶어한다. VR 헤드셋을 쓰고 가상현실에서 소셜 활동을 하는 좁은 의미의 가상세계 서비스가 아니라 현실과 디지털 공간이 상호작용하는 또 하나의 세계, 즉 '메타버스'를 만든다는 목표다.

이는 메타의 기존 사업과 일관된 흐름을 갖는 것이기도 하다. 페이스북 같은 곳에서 일어나는 일은 기본적으로 사람들 사이의 관계를 디지털 공간에 모사하려는 것이다. 친구들과 어울려 수다 떨기, 가족 친지와 안부를 묻고 아이들 사진을 보여주는 것 같은 일들이다. 디지털 기술은 시공간의 제약 없이 이런 어울림이 좀 더 쉽고 편하게 일어날 수 있게 했다. 이를 통해 사람들 사이의 관계와 그에 기반한 커뮤니티를 활성화하는 것, 그래서 사람들이 더 많이 페이스북이나 인스타그램에서 서로 관계를 맺고 활동하게 하는 것이 메타의 목표다. 이로써 메타는 사용자 데이터와 광고 수익을 얻는다.

메타는 현실과 디지털 공간이 상호작용하는 '메타버스'를 만드는 것이 목표다.
사진은 메타버스에서 실제 회의실에 있듯이 자연스럽게 의사소통하는 모습.

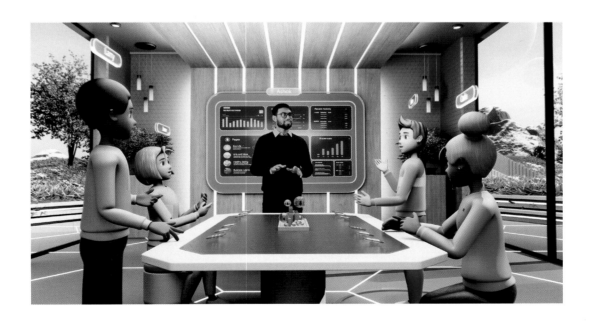

메타버스를 통해 사람들 간의 어울림은 더 실제같이 만들고 시공간의 제약은 더 없앤다는 것이 메타의 목표다. 저커버그 CEO는 "스마트폰 화면과 앱을 매개로 소통하는 지금의 방식은 자연스럽지 않아 보인다"고 말했다. 이를테면 줌으로 화상회의를 할 때는 참석자들이 이쪽에 앉았는지 저쪽에 앉았는지 같은 맥락이 없기 때문에 나중에 참석자들의 발언 내용이 좀처럼 기억나지 않는다는 말이다. 저커버그가 구상하는 메타버스에서는 마치 실제 회의실에 있는 듯 왼쪽에 누가, 오른쪽에 누가 있는지 등의 감각까지 재현할 수 있다. 실재감이 좀 더 자연스러운 상호작용을 가능하게 한다는 뜻이다.

반면 시공간의 제약은 줄어든다. 그는 컴퓨터에 관심 있는 친구를 찾기 힘들었던 어린 시절 기억을 떠올리며 "수업 시간에 코딩 아이디어가 떠오르면 공책에 쓰거나 집으로 돌아와 적었다. 그래서 이럴 때 다른 곳으로 텔레포트하듯 컴퓨터를 좋아하는 다른 친구와 바로 만나 대화할 수 있는 인터넷을 만들면 좋겠다는 생각을 했었다"고 말했다.

실제와 같으면서 실제의 한계를 초월하는 관계 맺기인 셈이다. 즉 메타가 그리는 메타버스는 소셜미디어와 별개가 아니라 그 확장, 또는 결정판이라고 할 수 있다. VR 헤드셋이나 AR 안경 등은 이런 비전을 가능케 하는 물리적 기반이 된다.

저커버그 메타 CEO는 애플 비전 프로가 발표된 후 "애플 비전 프로 소개 데모에 등장한 사람들은 모두 헤드셋을 낀 채 소파나 책상 앞에 가만히 앉아 있는 모습"이라고 비판하며 메타의 메타버스는 좀 더 활동적이고 소통을 강조하는 형태가 될 것이라 암시하기도 했다.

━● 확장현실의 대중화 가능할지 주목

XR 기기의 미래로 주목받는 것이 스마트 글라스이다. VR 헤드셋처럼 크고 무거운 기기를 뒤집어쓴 채 세상과 분리될 필요가 없다. 안경은 이미 많은 사람이 쓰고 다녀 자연스럽게 받아들여지는 형태의 기기이기도 하다.

스마트 글라스는 2012년 구글이 공개하여 한때 큰 관심을 끌었다. 당시 스마트 안경을 낀 채 낙하산을 매고 비행기에서 뛰어내리며 육지로 착륙하는 장면을 생중계해 화제가 되었다. 하지만 작은 안경에 강력한 기능을 가진 반도체와 디스플레이를 넣어야 한다는 점, 프라이버시 침해 우려 등으로 제대로 된 제품이 나오지 못하며 흐지부지됐다.

하지만 메타버스 열풍이 불면서 다시금 관심을 모으며 조용히 연구가 이뤄지고 있다. 구글은 한동안 중단했던 스마트 글라스 개발을 재개했음을 2022년 공개했다. 외국어를 말하는 상대방의 대화 내용을 인공지능이 번역해 안경 디스플레이에 보여주는 등의 기능을 쓸 수 있는 제품을 개발하는 중이다. 메타는 패션 선글라스 브랜드 레이밴과 손잡고 스마트 글라스를 판매하고 있기도 하다. 다만 사진 및 영상 촬영과 스트리밍 등이 주기능이라 흔히 생각하는 AR 기기와는 아직 거리가 있다. 또 메타는 안경 형태의 AR 기기를 개발하기 위한 '프로젝트 나자레'를 진행하고 있으며, 2024년 첫 제품을 내놓는다는 목표다. 메타는 손목에 차는 팔찌 형태의 제품으로 신경 신호를 읽어 사람의 실제 행동처럼 자연스러운 조작을 가능하게 하는 컨트롤러로 사용하는 기술이나, 뇌와 컴퓨터를 연결해 신호를 주고받는 기술도 장기 과제로 연구하는 중이다. 이 역시 결국 메타버스에 활용하기 위한 것으로 보인다.

무겁고 불편한 헤드셋을 넘어 좀 더 간편하고 사회적으로 받아들여질 만한 형태의 기기나 접속 방법을 찾는 것은 MR의 장기적 과제이다. 하지만 일단 현재로선 애플의 새 헤드셋 기기가 시장에서 어떤 반응을 얻을지가 가장 중요한 관전 포인트이다. 높은 가격이나 복잡한 생산 공정 등을 생각할 때, 애플 비전 프로가 바로 큰 인기를 얻는 히트 상품이 될 가능성은 낮아 보인다. 애플이 이번에도 소비자가 필요로 하는 핵심 수요를 끄집어낼 수 있는지, 그리고 이렇게 발견된 수요를 바탕으로 관련 기업들이 가격 부담이 낮은 제품들을 내놓으며 관련 생태계를 키울 수 있을지가 관건이다.

10

ISSUE 10 가축전염병

럼피스킨

김범용

성균관대에서 철학과 경제학을 전공한 뒤 서울대 철학과 대학원에서
'경제학에서의 과학적 실재론: 매키의 국소적 실재론과 설명의 역설'로
석사학위를 받았다. 현재는 서울대 과학사 및 과학철학 협동과정에서
박사과정을 다니고 있다. 전공 분야는 과학철학이며 경제학과 철학에
관심이 있다. 지은 책으로 『과학이슈11 시리즈(공저)』 등이 있다.

국내 최초 발생한 럼피스킨이란 어떤 질병인가?

2023년 10월 19일 충남 서산의 한우 농가에서 수의사가 진료하다가 소 네 마리에서 울퉁불퉁한 피부병변이 발견됐다. 정밀검사를 진행한 결과 이 소는 럼피스킨(Lumpy Skin Disease, LSD)에 걸린 것으로 확인됐는데, 이는 국내에서 최초로 럼피스킨이 발생한 사례였다. 확산을 방지하기 위해 농림축산검역본부는 해당 농장에 초동방역팀, 역학조사반을 파견했고, 외부인, 가축, 차량의 농장 출입을 통제했으며, 해당 농장에서 사육 중인 소는 긴급행동지침(SOP) 등에 따라 살처분됐다.

●
럼피스킨에 걸린 소는 전신에 지름 2~5cm의 피부 결절이 발생한다.

럼피스킨은 소만 감염되는 법정 1급 전염병이다. 첫 번째 럼피스킨 감염 사례가 확인된 이후 럼피스킨 위기 경보가 심각 단계에 이르기도 했다. 11월 20일까지 한 달간 전국적으로 총 107건의 감염 사례가 보고되었다. 럼피스킨이란 어떤 질병이고, 어떻게 우리나라에서 발생하게 됐는지, 앞으로 문제가 없는지를 살펴보자.

━━o 아프리카 토착 질병이 전 세계로 퍼져

럼피스킨은 럼피스킨 바이러스에 감염된 소나 물소에게 나타나는 전염병이다. 럼피스킨에 감염된 소나 물소에게는 전신에 지름 2~5cm의 피부 결절(단단한 혹)이 나타난다. '럼피스킨'이라는 이름은 울퉁불퉁한 (lumpy) 피부(skin)를 보이는 병변(비정상적인 세포나 조직)의 모습을 따서 붙여졌다.

소가 럼피스킨에 감염되면 전신이 수많은 피부 결절에 뒤덮여 가죽에 영구적으로 흉터가 남게 되는데, 이 때문에 가죽을 상품으로 활용할 수 없게 된다. 가죽뿐만 아니라 입안과 장점막 등 소화기 점막에도 결절 병변이 나타나 소의 건강 상태가 급격히 악화되어, 육우의 경우 체중이 6.2%~23.1%까지 줄어들 수 있으며, 젖소의 경우 우유 생산이 52%~83%가 감소할 수 있다. 또한 럼피스킨에 걸린 수소에게서는 고환염이 동반될 수 있어 일시적 또는 영구적 불임이 일어날 수 있고, 암소에게서도 유산 등 번식 장애가 나타날 수 있다.

럼피스킨은 전염성이 강한 편이다. 소를 사육하는 농장에 럼피스킨이 유입될 경우 바이러스가 전파되는 비율은 5~45%이고 감염된 소에서 증상이 나타나는 비율은 약 50%이며 폐사율은 10% 이하이다. 소 100두를 사육하는 농장에 럼피스킨이 유입된다면 45두까지 감염될 수 있고 그중 23두가 럼피스킨 증상을 보이며 약 5두가 폐사한다는 뜻이다. 럼피스킨은 전염성이 강한 만큼 발생 시 막대한 경제적 피해가 발생할 가능성이 높기 때문에 세계동물보건기구(WOAH)의 관리대상 질병

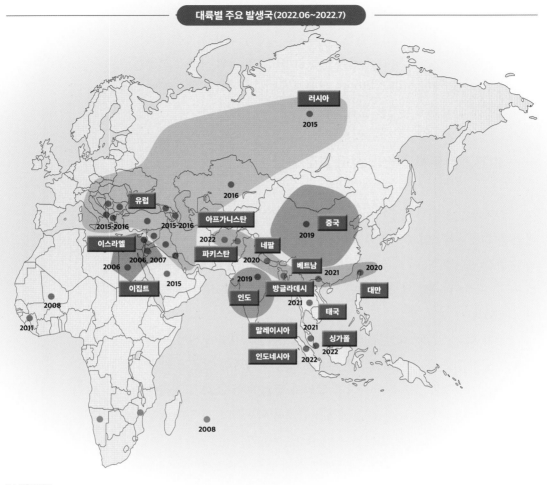

에 속하며, 한국에서는 1종 가축전염병으로 분류하고 있다.

　사실 럼피스킨은 1929년 잠비아에서 처음 발견된 이후 1943년부터 1945년 사이에 보츠와나, 짐바브웨, 남아프리카에서도 발견되었으나, 수십 년간 아프리카에서만 발병 사례가 확인된 일종의 토착 질병이었다. 그러나 1989년 이스라엘에서 발병 사례가 발견된 이후로 유럽과 아시아로 빠르게 확산되었다. 2019년에는 방글라데시, 인도, 중국에서, 2020년에는 네팔, 대만, 부탄, 홍콩, 베트남, 미얀마에서, 2021년에는 태국, 라오스, 말레이시아, 캄보디아, 몽골, 스리랑카, 파키스탄에서, 2022년에는 인도네시아, 싱가포르, 아프가니스탄에서 럼피스킨 발병 사례가 확인되었다. 2023년 10월엔 한국에서도 첫 발병 사례가 나왔다.

━━● 가축전염병의 분류

세계동물보건기구(OIE)에서는 가축전염병을 동물 질병(animal diseases), 감염(infections) 및 기생충 감염(infestations), 전파속도 및 범위의 심각성에 따라 117종을 관리대상 질병(Listed Diseases)으로 지정했다(2018년 기준).

한국에서는 「가축전염병예방법」(법률 제13353호, 2015.6.22.)에 따라 주요 법정 가축전염병 44종을 다음과 같이 분류하여 관리한다.

가축	가축전염병(44종)			인수공통전염병 (15종)
	1종(15종)	2종(24종)	3종(5종)	
소 (17)	우역, 우폐역, 구제역, 가성우역, 블루텅병, 리프트계곡열, 럼피스킨(병), 수포성구내염	탄저, 기종저, 브루셀라병, 결핵병, 요네병, 소해면상뇌증(BSE), 큐열	소유행열, 소아까바네병	리프트계곡열, 수포성구내염, 탄저, 브루셀라병, 결핵병, 소해면상뇌증(BSE), 큐열
돼지 (6)	아프리카돼지열병, 돼지열병, 돼지수포병	돼지오제스키병, 돼지일본뇌염, 돼지텟센병	-	돼지일본뇌염
양, 산양 (2)	양두	스크래피	-	-
사슴(1)	-	사슴만성소모성질병	-	-
말 (9)	아프리카마역	비저, 말전염성빈혈, 말전염성동맥염, 구역, 말전염성자궁염, 동부말뇌염, 서부말뇌염, 베네주엘라말뇌염	-	비저, 동부말뇌염, 서부말뇌염, 베네주엘라말뇌염
닭 (7)	뉴캣슬병, 고병원성 조류인플루엔자	추백리, 가금티푸스, 가금콜레라	닭마이코플라즈병, 저병원성 조류인플루엔자	뉴캣슬병, 고병원성 조류인플루엔자
개(1)	-	광견병	-	광견병
꿀벌(1)	-	-	부저병	

ⓒ 가축전염병예방법

DNA 계통 바이러스라 인수공통감염병이 될 가능성 낮아

럼피스킨의 발병 원인은 럼피스킨 바이러스(Lumpy Skin Disease Virus, LSDV)에 의한 감염이다. 세균이 DNA와 RNA를 모두 가지는 것과 달리 바이러스는 DNA와 RNA 중 하나만을 가지며, 그에 따라 바이러스는 유전자 종류에 따라 DNA 계통 바이러스와 RNA 계통 바이러스로 구분된다. 럼피스킨 바이러스는 DNA 계통 바이러스인 폭스바이러스과로 분류되며, 정확히는 폭스바이러스(Poxviridae)과 카프리-폭시바이러스(Capri-poxvirus)속에 속한다.

전문가들은 한국의 축산업 구조상 럼피스킨에 감염된 소의 고기나 우유는 시중에 유통될 수 없으며 만일 그러한 고기나 우유를 섭취한다고 해도 사람이 럼피스킨에 감염되지 않으므로 안전하다고 진단한다. 이러한 진단은 신뢰할 수 있는 것인가? 결론부터 말하자면, 럼피스킨은 인수공통 감염병이 아니라 가축 감염병이며, 럼피스킨 바이러스에 변이가 일어나 사람이 럼피스킨에 감염될 가능성은 매우 낮다. 이는 럼피스킨 바이러스가 DNA 계통 바이러스라는 점에 기인한다.

럼피스킨을 일으키는 바이러스의 현미경 사진.
© The Pirbright Institute

대부분의 바이러스는 침투하여 증상을 일으키는 세포의 종류가 각각 다르다. 면역결핍 바이러스(HIV)는 면역세포를 공격하여 면역결핍증(AIDS)을 일으키며, 독감 바이러스는 폐 세포를 공격하여 폐렴

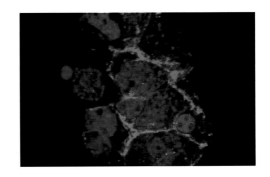

증상을 일으키는 식이다. 이는 바이러스가 세포에 침투하려면 바이러스의 표면단백질이 숙주 세포의 특이 수용체에 부착돼야 하기 때문에 그러한 것이다. 숙주 세포의 수용체에 대한 바이러스 표면단백질의 친화성이 숙주의 범위와 숙주 내에서 감염이 일어나는 부위를 결정한다.

바이러스의 유전물질에 돌연변이가 발생하면 표면단백질도 달라지면서 기존에 공격하던 세포뿐만 아니라 다른 종의 세포도 공격할 수 있게 되기도 한다. 바이러스라고 해서 돌연변이 발생 확률이 모두 비슷한 것이 아니다. DNA 계통 바이러스에 돌연변이가 발생할 확률은 RNA 계통 바이러스에 돌연변이가 발생할 확률의 적게는 1000분의 1 이하, 크게는 100만 분의 1 이하이다. DNA 계통 바이러스는 안정적인 이중구조이며 정해진 순서에 따라 염기를 배열하며 복제하는 반면, RNA 계통 바이러스는 복제할 때 RNA가 DNA로 변경되는 과정(역전사)을 추가로 거쳐야 하는데 이 과정에서 오류가 자주 발생한다. 게다가 DNA 계통 바이러스는 복제 중 오류가 발생해도 DNA 중합효소에 의해 수정되는 반면, RNA 계통 바이러스에는 그러한 교정 기능을 하는 것이 없다.

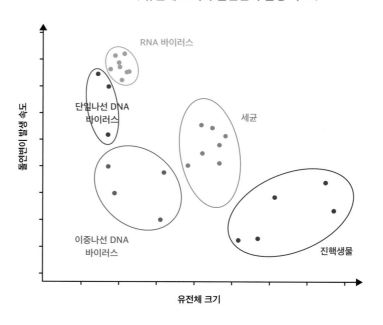

| 유전체 크기와 돌연변이 발생 속도 |

인류가 천연두는 완전히 박멸했지만 감기는 그렇지 못한 것도 DNA 계통 바이러스와 RNA 계통 바이러스의 차이로 설명할 수 있다. 천연두 바이러스는 DNA 계통 바이러스라서 돌연변이 발생 확률이 RNA 계통 바이러스인 인플루엔자 바이러스보다 1만 분의 1 이하이다. 그래서 천연두 바이러스는 주요한 변이가 일어나기 전에 백신으로 박멸할 수 있었고, 인플루엔자는 아직도 백신으로 대응하기 어려운 것이다.

럼피스킨 바이러스는 앞서 언급했듯 DNA 계통의 바이러스라서 RNA 계통 바이러스보다 변이가 일어날 가능성이 낮으며, 가축전염병에서 인수공통전염병으로 변할 가능성도 매우 낮다.

✚ 바이러스는 생물인가?

1) DNA 계통 바이러스

① 폭스바이러스과(Poxviridae)

 - 천연두, 전염성연속종(사마귀) 바이러스, 엠폭스(원숭이두창, MPOX) 바이러스, 우두 바이러스 등

② 헤르페스바이러스과(Herpesviridae)

③ 아데노바이러스과(Adenoviridae)

④ 파포바바이러스과(Papovaviridae)

⑤ 헤파드나바이러스과(Hepadnaviridae)

 - B형 간염바이러스 등

2) RNA 계통 바이러스

① 오르토믹소바이러스과(Orthomyxoviridae)

 - 인플루엔자 바이러스 등

② 파라믹소바이러스과(Paramyxoviridae)

 - 볼거리 바이러스 등

③ 라브도바이러스과(Rhabdoviridae)

 - 광견병 바이러스 등

④ 레트로바이러스과(Retroviridae)

 - HIV 바이러스 등

⑤ 코로나바이러스과(Coronaviridae)

- 코로나19 바이러스 등

⑥ 아레나바이러스과(Arenaviridae)

⑦ 토가바이러스과(Togaviridae)

⑧ 플라비바이러스과(Flaviviridae)

- 황열병 바이러스, 일본뇌염 바이러스, 댕기열 바이러스 등

⑨ 레오바이러스과(Reoviridae)

⑩ 피코르나바이러스과(Picornaviridae)

- A형 간염바이러스, 라이노바이러스(주요 감기바이러스 중 하나) 등

파리류, 모기류, 진드기류 등 흡혈 곤충에 의해 전파

럼피스킨은 주로 흡혈 곤충인 파리류(침파리 등), 모기류, 진드기류 등에 의해 발생한다. 매개곤충의 몸 안에서 바이러스가 증식하는지 여부에 따라 기계적 전파와 생물학적 전파로 나뉘는데, 럼피스킨은 기계적 전파에 해당한다. 즉, 흡혈 곤충의 몸 안에서 럼피스킨 바이러스는 증식하지 않으며, 흡혈 곤충은 소에게 바이러스를 옮겨주는 운반체로서의 역할만 한다.

국내 럼피스킨 발생 원인은 농장 종사자가 럼피스킨 발생 지역을 다녀온 사실이 없는 만큼 중국 등 발생 지역에서 바이러스를 보유한 흡혈 곤충이 바람이나 선박 등을 통해 유입되었을 것으로 보인다. 유입 시기는 발생 농장 소의 증상 등을 감안할 때 2023년 9월 중순으로 추정된다.

흡혈 곤충에 의한 전파는 비교적 짧은 거리(농장 반경 약 5km 이내) 안에서 이루어진다. 주로 곤충에 의해 전파되는 질병이라서 곤충의 생장에 유리한 따뜻한 시기에 럼피스킨 발생이 집중된다. 국내에도 다양한 종의 흡혈 곤충이 서식할 뿐 아니라 발생 지역마다 질병을 옮기는 곤충의 분포가 다르기 때문에, 국내 흡혈 곤충에 대한 방역에 더욱더 신경을 써야 할 것으로 보인다.

| 럼피스킨 전파와 확산 유형 |

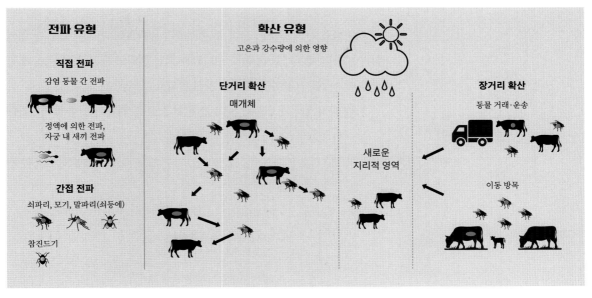

전파 유형

직접 전파
감염 동물 간 전파

정액에 의한 전파,
자궁 내 새끼 전파

간접 전파
쇠파리, 모기, 말파리(쇠등에)

참진드기

확산 유형
고온과 강수량에 의한 영향

단거리 확산
매개체

장거리 확산
동물 거래·운송

새로운
지리적 영역

이동 방목

⬤ 실험 연구에서만 밝혀진 전파   ⬤ 럼피스킨 바이러스   ------ 새로운 지리적 영역의 경계   © Viruses 2023, 15(8), 1622

홉혈 곤충을 매개로 한 감염 이외에도 럼피스킨에 감염된 소가 다른 건강한 소에게 전염시키는 경우도 있는 것으로 알려졌다. 감염된 수소의 정액을 통한 전파 사례뿐만 아니라 감염된 어미 소에서 자궁 내 새끼로 수직 전파된 사례도 보고되었다. 감염된 소에게 사용했던 주사기를 다른 소에게 다시 사용할 경우에도 바이러스가 전파된다. 감염된 동물의 피부 결절 병변, 침, 눈과 코에서 나온 분비물 등에 직접 접촉하거나 오염된 매개물(사료통, 음수통)을 통한 간접 전파의 가능성도 있는 것으로 보고되었다.

지역 간 전파나 국가 간 전파 등 장거리 전파는 살아 있는 감염 소의 이동에 의해 주로 이루어진다. 그래서 국내에서 럼피스킨이 처음 발병된 이후 럼피스킨 발생 지역의 소에 대한 이동제한 조치를 취했다.

☀ 감염병 전파 경로의 분류

감염병의 전파 경로는 전파 수단에 따라 병원소와 새로운 숙주 간 병원체 이동이 중간 매개체 없이 바로 전파되는 직접 전파와 공기나 물, 음식과 같이 중간 매개체를 거친 후 전파되는 간접 전파로 구분된다.

가축 방역에서 특히 신경 써야 할 전파 경로 중 하나가 생물 매개전파에

ⓒ 가축전염병예방법

분류	중분류	세분류	정의
직접 전파 (Direct transmission)	직접접촉 (Direct contact)	피부접촉 (Skin-to-skin)	- 피부 간 접촉을 통한 전파(악수하기, 포옹하기 등) - 예) 단순포진
		점막접촉 (Mucous-to-mucous)	- 점막 간 접촉을 통한 전파(성관계 등) - 예) 임질, 매독
		수직감염 (Across the placenta)	- 감염된 임산부가 감염된 태아를 출산 - 예) 선천성매독, 선천성HIV감염
		교상 (Biting)	- 감염된 동물로부터 직접 물림을 통해 전파 - 예) 공수병
	간접접촉 (Indirect contact)	비말 (Droplet)	- 환자나 보균자의 호흡기 침방울(비말)에 섞여 나온 병원체가 새로운 숙주의 호흡기나 점막에 침입하는 경우(재채기, 기침, 대화, 노래 등) - 예) 인플루엔자, 홍역
간접 전파 (Indirect transmission)	무생물 매개전파 (Vehicleborne)	식품매개 (Food-borne)	- 섭취하는 식품(조개젓, 해산물, 육고기 등)을 매개로 전파 - 예) 콜레라, 장티푸스, A형간염
		수인성 (Water-borne)	- 우유, 물(수영장, 하천 등)을 매개로 전파 - 예) 콜레라, 장티푸스, A형간염
		공기매개 (Air-borne)	- 장시간 먼 거리까지 공중에서 감염성이 유지되는 5μm 이하의 미세먼지 형태 비말핵(droplet nuclei) 또는 에어로졸(aerosols)에 의한 전파 - 예) 홍역, 결핵, 수두
		개달물 (Fomite)	- 무생물(환자가 쓰던 수건, 침구, 체온계 등)로서 질병을 전파하는 경우 - 예) 세균성 이질
	생물 매개전파 (Vectorborne)	기계적 전파 (Mechanical)	- 파리, 쥐, 바퀴벌레 등 매개생물이 단순히 기계적으로 병원체를 운반 - 예) 세균성 이질, 살모넬라증
		생물학적 전파 (Biological)	- 병원체가 벼룩, 이, 모기, 진드기 등 매개생물 내에서 성장이나 증식을 한 뒤에 전파 - 예) 말라리아, 황열

의한 감염이다. 가축 간의 직접 접촉보다 매개 동물에 의한 간접 접촉을 통제하는 것이 상대적으로 더 어려울 뿐만 아니라, 매개체를 거치는 감염병은 증상이 심각한 경우가 많기 때문이다. 진화의학자 폴 이왈드(Paul Ewald)에 따르면, 매개 동물 의존성 감염병은 매개 곤충이 접근해도 숙주가 피하지 못하도록 숙주를 기진맥진하게 하거나 아예 죽이는 쪽으로 진화하는 경향이 있다고 한다.

━━○ 정부의 긴급 백신 접종으로 위기는 넘겨

럼피스킨은 국내 축우농가에 빠르게 확산되었으나 이제는 진정 국면으로 들어서고 있다. 2023년 10월 19일 충남 서산 한우농장에서 국내에서 처음으로 럼피스킨 확진 사례가 발견되었고, 이후 급속도로 전국으로 퍼져 35개 시군의 농가 107곳에서 발생한 것으로 집계(11월 20일 기준)되었으나, 경북 예천에서의 마지막 발생 이후 럼피스킨 확진 사례는 아직까지 보고되지 않고 있다. 럼피스킨 중앙사고수습본부는 12월 21일부터 럼피스킨 발생에 따른 지역별 방역조치를 모두 해제했고, 럼피스킨 위기 경보를 '심각'에서 '관심' 단계로 하향 조정했다.

국내 럼피스킨 확산이 비교적 빠른 시일 내에 멈추고 안정세에 들어선 데는, 추운 날씨 때문에 럼피스킨을 감염시키는 매개 곤충이 월동에 들어간 점도 있지만, 정부가 다른 나라의 럼피스킨 확산을 주시하며 대비했던 것이 주요했던 것으로 보인다.

10월 20일 럼피스킨 감염 의심 소가 양성으로 확진되자, 정부는 즉시 긴급 럼피스킨 방역대책본부를 구성하고 긴급 살처분, 긴급 백신 접종, 흡혈곤충 박멸을 위한 방제활동 등 대책 방안을 논의하고 즉각 시행에 나섰다. 이때 이미 방역 당국은 럼피스킨의 국내 유입에 대비하고자 54만 마리 분의 백신을 사전 수입해 비축한 상태였다. 첫 발생 후 곧바로 백신 접종이 이루어진 데다 추가로 400만 마리 분의 백신을 도입하여 11월 10일까지 전국의 모든 소에 럼피스킨 백신 접종을 완료했다.

백신 접종 후 항체가 형성하기까지는 3주 정도 걸리는데, 마지막 럼피스킨 확진이 11월 20일에 보고되었고 이 이후에 추가 확진 사례가 보고되지 않는 것도 이와 관련된 것으로 보인다.

농림축산식품부는 럼피스킨 국내 유입에 대비하여 2019년에 바이러스 진단체계를 구축했고, 2021년부터 해외 전염병 국내 검색사업에 럼피스킨을 추가하여 전국적인 예찰을 실시했고 전문가 협의체를 만들어 럼피스킨에 대비했다. 2022년 8월에는 럼피스킨 백신 54만 마리 분을 사전 비축할 계획을 밝혔고 이때 확보한 백신은 2023년 10월 럼피스킨 확진 사례 발견 이후 초기 대응에 사용되었다. 농림축산검역본부의 한 수의연구관은 2020년 8월 매체 기고를 통해, 제주도와 가까운 중국 남동부와 대만에서 발생한 럼피스킨 발병 사례를 언급하며 한국이 럼피스킨의 안전지대가 아님을 지적하기도 했다.

━━○ 위기는 넘겼으나 안심하기는 이르다

정부의 발 빠른 대처로 럼피스킨의 확산은 진정되었지만, 아직 안심하기는 이르다는 것이 전문가들의 지적이다. 백신이 럼피스킨 확산을 막는 데 큰 역할을 하기는 했지만, 유럽연합의 사례를 참고할 때 1~2년 정도는 상황을 지켜보아야 한다는 뜻이다.

유럽연합(EU)의 경우 2016년부터 동유럽 국가 중 럼피스킨 발생 지역과 위험 지역을 대상으로 백신 접종을 의무화했고, 의심증상 신고를 통해 감염동물을 색출하는 수동적인 예찰을 하는 한편, 흡혈 곤충이 활동하는 4월부터 10월에 능동적인 임상 예찰을 정기적으로 수행했다. 그 결과 럼피스킨 발병 건수가 2016년 7483건에서 2017년 385건으로 발생 건수가 급격히 감소했고 2018년 이후로는 발생 사례가 보고되지 않고 있다. 특히 그리스와 불가리아는 럼피스킨 추가 발생이 없는데도 주변국 상황에 따라 언제든지 럼피스킨이 유입될 수 있다고 판단하여 2022년까지 지속적으로 백신을 접종했다. 유럽연합 식품안전처는 수학

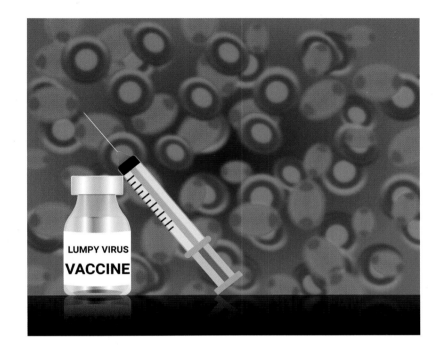

정부에서 미리 확보한
백신으로 이번 럼피스킨
사태를 넘겼지만, 유럽연합
식품안전처에서는 2~3년
이상 백신을 접종해야 한다고
권고하기도 한다.

모델링 방법을 이용해 다양한 백신 효력 및 접종률 시나리오를 기반으로
하는 질병 확산 예측 시뮬레이션을 발표했다. 주변 국가에서 추가 유입
이 없고 바이러스가 환경에서 수년간 생존할 가능성이 낮으며 백신 접종
률이 90% 이상일 경우에도 2~3년 이상 백신을 접종해야 한다는 내용이
었다.

11

2023 노벨 과학상

이충환

서울대 천문학과를 졸업한 뒤 동 대학원에서 천문학 석사학위를 받고, 고려대 과학기술학 협동과정에서 언론학 박사학위를 받았다. 천문학 잡지 《별과 우주》에서 기자 생활을 시작했고 동아사이언스에서 《과학동아》, 《수학동아》 편집장을 역임했으며, 현재는 과학 콘텐츠 기획·제작사 동아에스앤씨의 편집위원으로 있다. 옮긴 책으로 『상대적으로 쉬운 상대성이론』, 『빛의 제국』, 『보이드』, 『버드 브레인』 등이 있고 지은 책으로는 『블랙홀』, 『칼 세이건의 코스모스』, 『반짝반짝, 별 관찰 일지』, 『재미있는 별자리와 우주 이야기』, 『재미있는 화산과 지진 이야기』, 『지구온난화 어떻게 해결할까?』, 『십 대가 꼭 알아야 할 기후변화 교과서』, 『챗GPT 기회인가 위기인가(공저)』, 『과학이슈 11 시리즈(공저)』 등이 있다.

ISSUE

11
기초과학

2023년 노벨 과학상은 아토초 과학 창시, 양자점 연구, mRNA 백신 개발에

●
2023년 노벨상 시상식 후 열린 연회. 2022년에 이어 이번에도 러시아, 벨라루스, 이란 대사는 초청받지 못했다.
© Nobel Prize Outreach/Clément Morin

매년 노벨상은 후보자 추천부터 선정 과정, 수상자 통보까지 전 과정을 비밀리에 진행하는데, 123년 역사에서 처음으로 수상자 명단이 사전에 유출되는 사태가 벌어졌다. 스웨덴 언론들의 보도에 따르면, 스웨덴 왕립과학원 노벨위원회가 화학상 수상자 3명의 명단이 담긴 보도자료 이메일을 공식 발표 4시간 전에 보냈다. 스웨덴 왕립과학원 측은 수상자가 아직 결정되지 않았다고 해명했지만, 결국 수상자가 유출된 명단대로 발표되자 해명이 무색해졌다. 해프닝이라고 하기에는 초유의 사태가 벌어졌던 셈이다.

123번째로 수여된 2023년 노벨상. 노벨 물리학상, 화학상, 생리의학상을 중심으로 2023년 노벨상을 좀 더 자세히 들여다보자.

━●─ 여성 수상자 4명 배출

2023년 노벨상은 11명에게 돌아갔다. 물리학상, 화학상 수상자가 각각 3명이었고, 생리의학상 수상자는 2명이었고, 문학상, 평화상, 경제학상 수상자가 각각 1명이었다.

먼저 2023년 노벨상의 가장 큰 특징은 여성 수상자가 4명이나 배출됐다는 점이다. 노벨 평화상을 받은 이란의 여성 운동가 나르게스 모하마디, 노벨 경제학상을 수상한 미국 하버드대의 클라우디아 골딘 교수, 노벨 물리학상을 공동 수상한 스웨덴 룬드대의 안 륄리에 교수, 노벨 생리의학상을 공동 수상한 독일 바이오엔테크의 카탈린 카리코 수석 부사장이 그 주인공들이다.

이 중 나르게스 모하마디는 여성에 대한 차별과 억압에 저항·투쟁하고 이란의 민주주의 운동을 이끌던 인물로 옥중에서 수상 소식을 들었다. 노벨위원회는 이란 여성의 억압에 맞서 싸우며 모든 사람의 인권과 자유를 증

노르웨이 오슬로 시청에서 열린 2023년 노벨평화상 시상식. 수상자인 이란 여성 인권운동가 나르게스 모하마디(벽 사진)를 대신해 그의 자녀인 쌍둥이 남매가 참석해 상장과 메달을 받았다.
© Nobel Prize Outreach/Jo Straube

진하기 위해 노력했다고 선정 이유를 밝혔다. 지금까지 노벨 평화상을 받은 여성은 모하마디를 포함해 19명이다. 노벨위원회에 따르면 모하마디는 2019년 반정부 시위 희생자를 추모하기 위해 2021년 열린 거리 시위에 참여했다가 체포된 뒤 현재까지 테헤란 에빈 교도소에 수감 중이다.

또 클라우디아 골딘 교수는 여성의 경제적 참여와 관련된 정책과 사회적 문제에 대해 이해를 증진시켰다는 평가를 받았다. 골딘 교수는 남성과 여성 간 임금 격차와 직무 불평등을 연구해 왔다. 노벨경제학상 선정위원회의 야코브 스벤손 위원장은 노동에서 여성의 역할을 이해하는 것은 사회에 중요한데, 클라우디아 골딘의 획기적 연구 덕분에 우리는 이제 근본적 요인들과 미래에 해결해야 할 장벽들에 대해 더 많이 알게 됐다고 밝혔다. 여성이 노벨 경제학상을 받은 것은 골딘 교수가 세 번째다.

이 외에 안 륄리에 교수는 노벨 물리학상을 받은 역대 5번째 여성이었으며, 2020년 이후 3년 만의 여성 노벨 물리학상 수상자였다. 카탈린 카리코 부사장은 노벨 생리의학상을 받은 역대 13번째 여성이었으며, 2015년 이후 8년 만에 나온 여성 노벨 생리의학상 수상자였다. 특히 카리코 부사장은 어머니의 한결같은 응원이 큰 힘이 됐다고 밝혔다.

또 다른 특징으로 노벨 생리의학상 수상자들의 빠른 수상에 주목할 필

| 한눈에 보는 2023년 노벨 과학상 수상자 8인 |

구분	수상자(소속)	업적
물리학상	피에르 아고스티니(미국 오하오주립대) 페렌츠 크라우스(독일 루드비히 막스밀리안대) 안 륄리에(스웨덴 룬드대)	아토초(100경분의 1초) 단위 빛의 파동을 발생시키는 방법을 고안함
화학상	모운지 바웬디(미국 MIT) 루이스 브루스(미국 컬럼비아대) 알렉세이 에키모프(미국 나노크리스탈테크놀로지)	양자점을 발견하고 합성법을 개발함
생리의학상	카탈린 카리코(독일 바이오엔테크) 드루 와이스먼(미국 펜실베이니아의대)	신종 코로나바이러스 감염증(코로나19) 예방 목적 mRNA 백신 개발의 기틀 마련

요가 있다. 카탈린 카리코 부사장과 드루 와이스먼 교수는 코로나19를 예방할 목적의 mRNA 백신 개발에 기여한 공로로 노벨 생리의학상을 받았는데, 두 사람은 2005년 관련 연구성과를 발표한 이후 18년 만에 노벨상을 수상했다. 그동안 노벨 생리의학상은 연구성과가 나오고 평균 26년의 검증을 거친 뒤 해당 연구자에게 수여됐다는 점을 감안하면 이번 수상은 비교적 빠르게 연구성과를 인정받은 결과인 셈이다. 물론 두 사람이 전 세계를 뒤흔든 전염병 백신 개발 속도를 높였으니 이들의 수상이 당연하다는 평가도 많았다.

━○ 노벨 물리학상, 100경분의 1초 '아토초' 과학 시대를 열다

2023년 노벨 물리학상은 100경분의 1초라는 아토초 간격으로 짧게 지속되는 빛 파동(광 펄스)을 구현해 '아토초 과학' 시대를 여는 데 기여한 물리학자 3명에게 돌아갔다. 미국 오하이오주립대의 피에르 아고스티니 교수, 독일 루드비히 막스밀리안대의 페렌츠 크라우스 교수(독일 막스플랑크 양자광학연구소 소장), 스웨덴 룬드대의 안 륄리에 교수가 그 주인공들이다.

노벨위원회는 수상자들이 전자동역학 연구에서 활용될 수 있는 아토초 단위의 광 펄스를 발생시키는 방법을 고안했다면서 원자와 분자 내부에서 벌어지는 현상을 탐험할 수 있는 새로운 도구를 인류에게 선사했다고 선정 이유를 설명했다. 구체적으로 이들은 '극한으로 짧은 빛의 파동'을 구현해 전자가 움직이거나 에너지를 변화시키는 순간을 포착하는 방법을 제시했다는 평가를 받았다.

◀
피에르 아고스티니(미국 오하이오주립대)
© Nobel Prize Outreach/Nanaka Adachi

▼
페렌츠 크라우스(독일 루드비히 막스밀리안대)
©Nobel Prize Outreach/Nanaka Adachi

▶
안 륄리에(스웨덴 룬드대)
©Nobel Prize Outreach/Nanaka Adachi

● 아토초 펄스 측정하고 단일 아토초 펄스 생성하다!

아토초는 100경분의 1초로 엄청나게 작은 시간 단위다. 1초의 10억분의 1인 나노초를 다시 10억분의 1로 나눠야 할 정도다. 사람의 심장이 1초에 한 번 뛴다면, 우주의 나이는 100경 초에 해당한다. 전자가 수소 원자를 한 바퀴 도는 데 걸리는 시간은 150아토초라고 한다. 1초에 약 30만 km를 날아가는 빛이 1아토초 동안엔 원자의 지름 수준인 약 0.3nm(나노미터, 1nm=10억분의 1m)를 진행하는 데 그칠 뿐이다.

전자의 세계에서는 수십 아토초 정도 만에 반응이 일어난다. 물질의 가장 작은 단위 수준인 원자, 분자 등에서 전자의 운동을 관측하는 초고속초정밀 기술을 연구하는 분야가 바로 아토초 과학이다. 아고스티니 교수와 륄리에 교수는 아토초 과학의 선구자로 평가받는다. 두 사람은 아토초 과학의 바탕인 아토초 펄스를 구현하는 초기 실험에 기여한 것으로 알려져 있다.

사실 아토초 펄스를 만들려면 이보다 더 큰 펨토초(1000조분의 1초) 레이저를 이용해야 한다. 펨토초 레이저로 원자를 이온화시켜 전자를 분리하고, 다시 전자가 원자와 재결합하면서 빛이 방출되는데, 이 과정에서 매우 짧은 아토초 펄스가 나타난다.

1987년 륄리에 교수는 펨토초의 적외선 레이저를 불활성 기체에 투과시킬 때 다양한 빛의 배음(overtones)이 생긴다는 사실을 발견했다. 펨토초 레이저를 기체에 쏘면 기체 원자에 잡혀 있던 전자가 분리됐다가 다시 결합하는데, 이 과정에서 다양한 파장의 빛이 펄스 형태로 방출됐다는 뜻이다. 이를 '고차조화파'라고도 한다. 고차조화파는 레이저처럼 결맞음 특성을 가지며, 극자외선 또는 X선 영역의 넓은 주파수 영역을 갖는 빛이다. 고차조화파를 이용하면 아토초 펄스를 생성할 수 있다.

이어 아고스티니 교수는 아토초 펄스를 연구에 활용하려고 아토초 펄스의 특성을 파악하고자 고차조화파의 세기와 위상을 측정하는 데 도전했다. 즉 고차조화파의 양자 간섭 효과를 관측해 고차조화파 각각의 위상 관계를 측정했고 이를 통해 고차조화파의 세기와 위상을 모두 측정했으며, 250아토초의 펄스 폭을 가지는 아토초 펄스 열을 얻었다. 최초로 아토초 펄스를

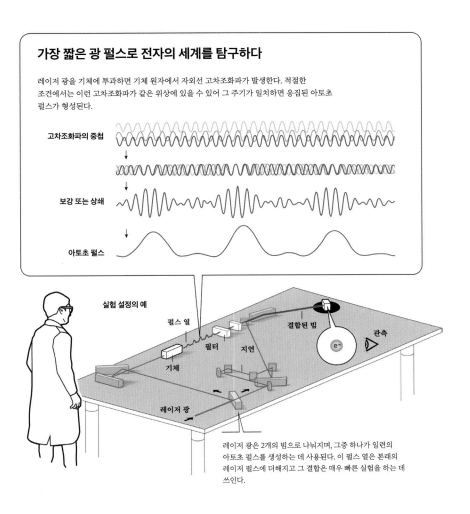

가장 짧은 광 펄스로 전자의 세계를 탐구하다

레이저 광을 기체에 투과하면 기체 원자에서 자외선 고차조화파가 발생한다. 적절한 조건에서는 이런 고차조화파가 같은 위상에 있을 수 있어 그 주기가 일치하면 응집된 아토초 펄스가 형성된다.

고차조화파의 중첩

보강 또는 상쇄

아토초 펄스

실험 설정의 예

펄스 열

필터

기체

지연

결합된 빔

e⁻

관측

레이저 광

레이저 광은 2개의 빔으로 나눠지며, 그중 하나가 일련의 아토초 펄스를 생성하는 데 사용된다. 이 펄스 열은 본래의 레이저 펄스에 더해지고 그 결합은 매우 빠른 실험을 하는 데 쓰인다.

측정한 순간이었다. 이 연구성과는 2001년 「사이언스」에 발표됐다.

다음으로 크라우스 교수가 하나의 아토초 펄스를 생성하는 데 나섰다. 단일 아토초 펄스를 이용하면 원자나 분자 내부에서 일어나는 현상을 연구할 수 있기 때문이었다. 크라우스 교수는 펄스 폭을 극단적으로 압축하면서도 펄스 내 전기장 모양을 일정하게 유지해 최초로 단일 아토초 펄스를 만드는 데 성공했다. 펄스 지속 시간을 650아토초로 늘리는 데도 성공했다. 이 결과는 2001년 「네이처」에 발표됐다.

❋ 전자 움직임 순간포착하고 DNA 손상, 반도체 특성 파악할 수 있어

아토초 과학의 전신 격인 펨토초 과학은 1999년 노벨 화학상을 받은 미국 캘리포니아공대 아흐메드 즈웨일 교수가 개척했다. 즈웨일 교수는 펨토초 레이저를 만들어 초고속 화학반응을 규명한 공로를 인정받았다. 그는 1980년대 초고속 레이저를 이용해 분자와 원자의 움직임을 느린 동작으로 관찰할 수 있는 방법을 연구했다. 이미 펨토초 레이저 기술은 백내장 수술을 비롯한 의료 영역 등에서 활발히 이용되고 있다.

펨토초 과학의 수상 이후 24년 만에 시간 분해능에서 1000배나 더 좋아진 아토초 과학이 노벨상을 받은 셈이다. 아토초 과학 시대가 열리면서 기존에 인지하지 못했던 엄청나게 짧은 시간 영역에서 일어나는 현상을 들여다볼 수 있게 됐다. 예를 들어 너무 빨라 파악할 수 없었던 전자의 움직임 등을 관찰할 수 있게 됐다. 2023년 노벨 물리학상 수상자들은 전자의 움직임을 순간포착할 수 있는 일종의 초고속 카메라 기술을 만들어낸 셈이다. 빛의 펄스 폭이 짧아질수록 더 짧은 순간을 포착할 수 있는데, 기존의 펨토초보다 1000배나 빠른 아토초 펄스를 구현하고 발전시킨 것이 이들의 공로다.

현재 아토초 과학은 많은 연구 분야로 확장되고 있다. 원자에서 초고속 현상을 연구하는 것은 물론이고 고체나 액체의 초고속 이온화 및 전이 현상을 활발히 연구하고 있다. 아토초 펄스를 이용하면 X선에 의해 DNA가 손상되는 매우 짧은 순간까지 관찰할 수 있으며, 전자공학 분야에서도 반도체와 같은 재료의 특성을 자세히 관찰할 수 있다. 또한 의료 분야에도 적용할 수 있을 것으로 기대된다.

━○ 노벨 화학상, 나노 크기의 양자점 개발하다

2023년 노벨 화학상은 나노미터(nm, 1nm=10억분의 1m) 크기의 반도체 결정체인 양자점을 발견하고 합성한 화학자 3명에게 돌아갔다. 미국 매사추세츠공대(MIT)의 모운지 바웬디 교수, 미국 컬럼비아대의 루이스 브루스 명예교수, 미국 나노크리스탈테크놀로지(NCT)의 알렉세이 에키모프

전 선임연구원이 그 주인공들이다.

노벨위원회는 크기가 매우 작아 스스로 특성을 결정하는 나노 입자인 양자점 발견과 발전을 이끌었다고 선정 이유를 밝혔다. 또 양자점은 크기에 따라 다른 색을 갖고 흥미롭고 특이한 특성을 많이 가져 TV, LED 조명, 외과에서 종양 조직 제거 수술 등에 활용할 수 있으며, 다양한 실용화 가능성을 열 수 있을 것으로 평가받았다.

● 양자점 발견하고, 균일한 크기로 합성해

양자점을 최초로 발견한 사람은 에키모프 전 선임연구원이었다. 1981년 그는 러시아 바빌로프 국립광학연구소에서 비정질 유리 안에서 구리와 염소를 반응시켜 수 나노미터 크기의 염화구리 입자를 합성했는데, 염화구리 나노입자가 첨가된 비정질 유리는 그 입자 크기에 따라 색이 달라진다는 사실을 발견했다. 양자점을 처음 관찰한 이 결과는 그해 러시아 학술지 「JETP 레터스」에 발표됐다.

이듬해인 1982년엔 브루스 명예교수가 또 다른 물질로 양자점을 합성하는 데 성공했다. 당시 미국 벨연구소에서 근무하던 그는 수용액 속에서 카드뮴 이온과 황화 이온을 반응시키는 실험을 해 황화카드뮴 화합물 반도체 나노입자를 합성했다. 이 나노입자는 반지름이 20nm였고, 초록색 형광을 보였다. 브루스 교수는 최초로 용액 공정법(나노입자 합성법)을 도입해 콜로이드 상태로 수용액에 흩어져 있는 양자점을 구현했다.

브루스 교수는 또 양자점이 크기에 따라 다양한 색을 나타내는 이유도

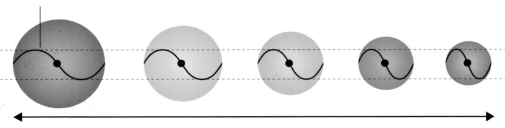

전자파(electron wave)

나노입자가 클수록 전자파를
위한 공간이 더 커짐

나노입자가 작을수록 전자파를
위한 공간이 더 작아짐

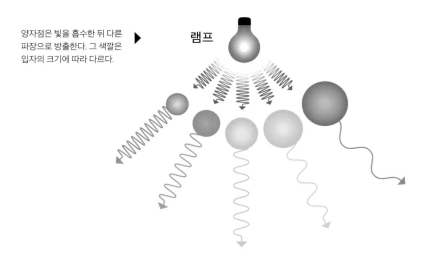

양자점은 빛을 흡수한 뒤 다른
파장으로 방출한다. 그 색깔은
입자의 크기에 따라 다르다.

램프

©Johan Jarnestard/The Royal Swedish Academy of Sciences

이론적으로 설명했다. 반도체 나노입자는 크기가 작아질수록 전자와 정공
(전자가 있던 자리에 남은 구멍)이 움직일 공간이 줄어든다. 이에 전자와 정
공이 전기적 인력에 의해 좁은 공간에 묶이는 효과(양자구속효과)가 커지고
전자가 원자를 벗어나는 데 필요한 에너지도 커진다. 따라서 에너지를 흡수
한 반도체 나노입자는 더 큰 에너지에 해당하는 빛을 내는데, 가시광선 영역
에서 빛은 에너지가 클수록 보라색을, 작을수록 붉은색을 띤다. 양자점은 이
와 같은 특성을 이용해 크기에 따라 다양한 색을 낸다는 설명이다.

만일 크기가 균일한 양자점을 합성할 수 있다면, 그 색을 조절할 수 있다. 크기가 균일한 양자점을 합성하는 일이 양자점을 상용화하기 위한 핵심 과제였다. 바웬디 교수가 이 과제를 해결했다. 그는 벨연구소에 재직해 브루스 교수의 지도를 받다가 MIT에 부임한 뒤 양자점을 합성하는 용액 공정법을 연구했는데, 용액에서 올릴 수 있는 온도에 한계가 있어 합성되는 양자점의 특성이 좋지 않은 문제에 부딪혔다. 1993년 바웬디 교수는 결정성이 우수하고 균일한 크기를 갖는 양자점을 합성하기 위해 고온 주입법을 통한 열분해 반응을 생각해냈다. 고온 주입법은 300℃ 이상으로 높은 온도를 견딜

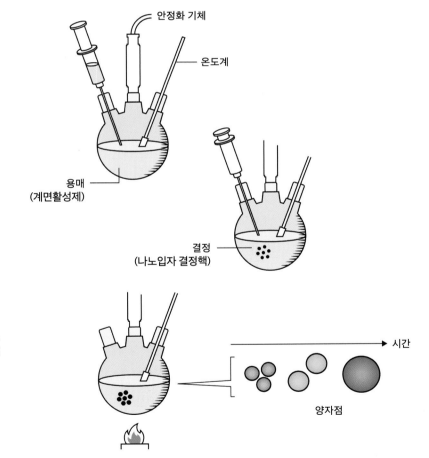

1 바웬디는 카드뮴 셀레나이드를 형성할 수 있는 물질을 뜨거운 용매에 주입했다. 그 부피는 바늘 주위의 용매를 포화시키기에 충분했다.

안정화 기체
온도계
용매 (계면활성제)
결정 (나노입자 결정핵)

2 카드뮴 셀레나이드의 작은 결정이 즉시 형성됐지만, 주입으로 인해 용매가 냉각됐기 때문에 결정 형성이 중단됐다.

3 바웬디가 용매의 온도를 높이자 다시 한번 결정이 성장하기 시작했다. 이 과정이 계속될수록 결정은 더 커졌다.

시간
양자점

수 있는 계면활성제 용액을 고온으로 가열하고 여기에 유기금속 전구체(화학반응에 참여해 최종 물질을 생성하는 재료)와 음이온 전구체 혼합용액을 빠르게 주입하는 방법이다. 이를 통해 고온의 계면활성제 용액에서 전구체가 급격히 분해되면 용액에 과하게 녹은 상태(과포화)가 되고, 이렇게 양자점 결정핵이 만들어진 뒤 온도를 낮추면 이 핵이 원하는 크기로 성장하게 만들어 크기가 균일한 양자점이 탄생한다.

✸ QLED 디스플레이부터 진단 센서까지 적용 가능

현재 바웬디 교수의 고온 주입법은 2001년 서울대 현택환 교수가 개발한 가열승온법과 함께 대표적인 양자점 합성법으로 자리 잡고 있다. 사실상 바웬디 교수의 연구성과를 통해 결정성이 우수하고 크기가 균일한 나노입자를 합성할 수 있게 되면서 양자점은 상용화의 길에 들어섰다.

노벨위원회는 바웬디 교수의 연구성과를 두고 양자점의 화학적 생성에 일으킨 혁명이라고 높이 평가했다. 이전까지는 질 좋은 양자점을 만드는 것에 불가능했지만, 바웬디 교수가 개발한 기술 덕분에 원하는 크기의 입자를 합성할 수 있게 됐다. 이로써 색 순도와 광 안전성이 높은 QLED 디스플레이(양자점 소자를 활용한 디스플레이)가 등장할 수 있었다. 현재 삼성전자가 QLED 등의 이름으로 TV에 적용했다.

양자점 기술은 디스플레이뿐만 아니라 태양전지, 광센서, 레이저, 바이오 이미지 등 다양한 분야에 적용되고 있다. 또 진단 및 의료 영상 같은 의료 영역에 활용될 것으로 예측된다. 색깔 변화로 증상을 감지하는 임신 테스트기, 코로나19 진단기를 양자점을 적용한 센서 장치로 대체한다면 더 예민하게 감지할 수 있을 것으로 전망된다.

이미 1990년대 양자점을 연구하던 과학자들은 산업적 가치가 큰 기술이라는 데 의견을 모았다. 현재 양자컴퓨터, 양자통신과 관련해서도 양자점을 결합하려는 시도가 진행되고 있는 것으로 알려져 있다. 먼 미래에는 다양한 양자기술에 양자점이 접목될 수 있을 것으로 기대된다.

━━◦ 노벨 생리의학상, mRNA 백신 개발의 토대 마련하다

2023년 노벨 생리의학상은 코로나19 예방하는 mRNA(메신저RNA) 백신 개발의 토대를 마련한 두 과학자에게 수여됐다. 독일 바이오엔테크 카탈린 카리코 부사장과 미국 펜실베이니아의대 드루 와이스먼 교수가 그 주인공들이다. 두 사람의 연구성과 덕분에 신종 코로나바이러스 감염증(코로나19) mRNA 백신 개발이 가능했다.

노벨위원회는 두 사람은 코로나19를 예방할 목적의 mRNA 백신을 개발하는 기반을 닦았다고 선정 이유를 밝혔다. 특히 이들은 제약회사 화이자와 모더나의 코로나19 mRNA 백신 개발에 크게 영향을 주었다는 점에서 높은 평가를 받았다. 노벨위원회는 이들이 인류의 건강에 전례 없는 위협이 가해진 시기에 백신 개발 속도를 높이는 데 기여했다고 덧붙였다.

◀
카탈린 카리코(독일 바이오엔테크)

▶
드루 와이스먼(미국 펜실베이니아의대)
©Nobel Prize Outreach/Nanaka Adachi

✺ 변형된 뉴클레오사이드로 mRNA 백신 개발 가능

카리코 부사장은 1989년부터 미국 펜실베이니아대에서 근무하면서 mRNA 연구를 시작했지만, 그의 연구과정은 순탄치 않았다. mRNA 기반의 유전자 치료법에 관련된 연구 과제 수주에 실패했고, 펜실베이니아대 정규 교수 임용에도 실패했다. 그러다 1997년 펜실베이니아대에 새로 부임한 와이스먼 교수를 만났다.

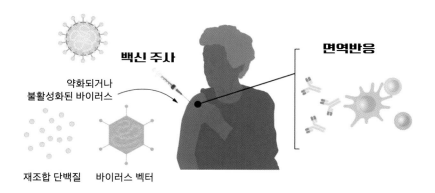

백신 주사

면역반응

약화되거나
불활성화된 바이러스

재조합 단백질　　바이러스 벡터

두 사람은 서로의 아이디어를 교환하다 mRNA를 유전자 발현체로 이용하기 위한 연구를 함께 진행했다. 2002년부터 두 사람이 함께한 논문은 무려 30편이 넘는다. 그중 2005년에 발표한 논문에 주목할 필요가 있다. 노벨위원회가 수상 이유로 밝힌 '코로나19에 효과적인 mRNA 백신 개발을 가능하게 만든 뉴클레오사이드 염기 변형에 관한 발견' 내용이 2005년 논문에 담겨 있기 때문이다.

인체는 외부에서 RNA 바이러스가 들어오면 바이러스 감염으로부터 몸을 지키려는 선천면역반응을 나타낸다. 즉 다양한 염증 사이토카인(면역신호 전달에 쓰이는 단백질)을 유도하는 한편, 침입한 RNA를 파괴하고 단백질 제조 과정을 억제하는 시스템을 가동한다. 선천면역반응의 핵심은 외부 RNA를 인식하는 패턴인식수용체(RRR)인 톨유사수용체(Toll-Like Receptor, TLR)다. TRL은 외부 RNA에 의해 활성화된 뒤 선천면역반응을 일으킨다.

카리코 부사장과 와이스먼 교수는 tRNA(운반RNA)가 선천면역반응을 유도하지 않으며, tRNA를 구성하는 여러 변형된 뉴클레오사이드가 특별한 기능을 가진다는 사실을 발견해 2005년 논문으로 발표했다. 원래 RNA는 아데노신, 유리딘, 구아노신, 사이티딘이란 네 가지 뉴클레오사이드로 구성되는데, tRNA는 보통 이런 뉴클레오사이드에 메틸기가 붙은 변형 뉴클레오사이드가 존재한다. 그중 하나가 mRNA 백신 개발에 이용된 '메틸 슈도유

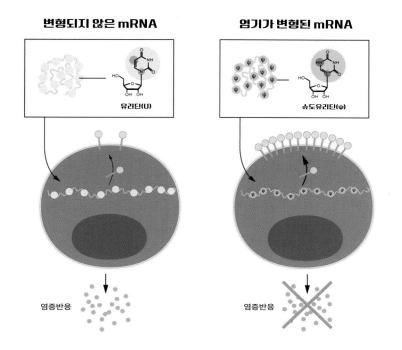

변형되지 않은 mRNA

유리딘(U)

염증반응

염기가 변형된 mRNA

슈도유리딘(ψ)

염증반응

리딘'이다. 변형된 뉴클레오사이드로 만든 mRNA는 인체에 투입했을 때 선천면역반응을 피할 수 있다. 즉 염증 사이토카인 발현이 줄어들고 단백질 발현 효율이 높아졌다. 이는 백신 면역반응을 유도하는 코로나바이러스 스파이크 단백질을 충분히 발현할 수 있다는 뜻이다.

모더나와 화이자는 두 사람이 발견한 원리를 바탕으로 mRNA를 구성하는 네 가지 뉴클레오사이드 중 하나인 유리딘 대신 메틸 슈도유리딘을 사용해 mRNA 백신을 개발했다. 이렇게 탄생한 mRNA 백신은 코로나바이러스를 방어하는 데 효과를 발휘했으며, 두 사람의 연구성과는 빛이 났다.

☀ mRNA로 암 백신 및 치료제 개발 진행 중

카리코 부사장과 와이스먼 교수가 변형된 뉴클레오사이드로 mRNA를 합성하면서 선천면역반응을 회피하고 안정성을 높인 기술이 고안됐다. 두 사람의 연구성과 덕분에 코로나19 팬데믹 상황에서 mRNA 백신은 다른 방식의 백신보다 더 빠르게 개발될 수 있었다. 이렇게 탄생한 mRNA 백신은 기록적인 속도로 각국의 승인을 받았으며, 코로나19 종식에 크게 공헌했다.

두 사람의 연구성과는 앞으로 mRNA 응용을 위한 길을 열었다는 평가도 받았다. 관련 기술은 다른 분야에 적용될 수 있는데, mRNA를 이용한 다양한 바이오 의약품 시대가 열렸다는 전망도 나온다. 감염병에 대응하기 위한 백신 개발과 동시에 암 백신 개발에도 도움이 된다. 최근 특정한 암에 대응할 수 있다는 연구결과가 발표되기도 했다.

실제로 미국을 포함한 주요 선진국에서는 이미 mRNA를 활용한 암 백신이나 암 치료제 개발에 나섰다. 예를 들어 바이오엔테크는 로슈와 함께 mRNA 기반의 췌장암 백신 연구를 진행했고, 모더나는 미국 머크와 함께 흑색종(피부암의 일종) 환자를 대상으로 mRNA 기반의 새 치료제를 개발해 임상시험을 하고 있다.

━━◦ 2023년 이그노벨상

대소변을 보고 건강을 관리해주는 스마트 변기. 짠맛을 느끼게 해주는 젓가락. 죽은 거미로 물건을 들어 올리는 로봇. 이처럼 별난 물건을 개발하고 연구한 과학자들이 2023년 33회 '이그노벨상'을 받았다. 일명 '괴짜 노

2023년 온라인상에서 진행된
33회 이그노벨상 시상식.
© improbable.com

벨상'이라 불리는 이그노벨상은 1991년부터 미국 하버드대의 유머과학잡지 《황당무계 연구연보(Annals of Improbable Research)》에서 매년 전 세계로부터 추천받은 연구성과 가운데 가장 기발한 연구를 선별해 수여한다.

2023년에도 10개 부문에 걸쳐 이그노벨상 수상자를 발표했다. 해마다 수상 분야가 약간씩 바뀌는데, 2023년에는 화학과 지질학, 공중보건, 기계공학, 물리학, 의학, 심리학, 영양학, 의사소통, 문학, 교육 분야에서 수상자가 선정됐다. 주요 분야의 연구성과를 살펴보자.

● 공중보건상: 똥 누면 건강 알려주는 스마트 변기

변기에서 대소변을 보면 내장 카메라로 사진을 찍어 10여 가지 질병을 알려준다. 서울대 물리학과를 졸업하고 미국 스탠퍼드대 의대에서 근무하는 박승민 박사는 2020년 「네이처 바이오메디컬 엔지니어링」에 진단용 스마트 변기를 발표해 학계의 주목을 끌었고, 2023년 공중보건 부문 이그노벨상을 받았다. 스마트 변기는 대변의 색과 크기, 소변량 등을 측정해 신체 상태를

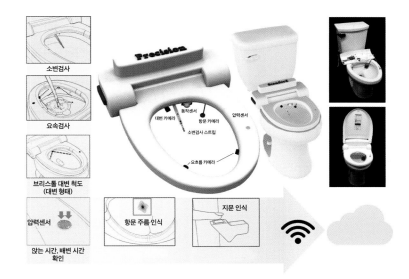

미국 스탠퍼드대 의대에 재직할 당시 박승민 박사가 개발한 스마트 변기.
© Stanford University/Nature

파악한다. 스마트 변기는 사람마다 다른 항문 주름을 인식해 사용자도 구별할 수 있다. 2022년엔 스마트 변기로 무증상 감염자를 통해 코로나19 바이러스가 전파되는 경로를 추적할 수 있다는 논문도 발표했다. 학교, 공항 등의 공중화장실에 스마트 변기를 설치하면 극미량의 대변을 채취해 내장 진단 키트로 바이러스 유무를 판정한다는 아이디어다.

● 영양학상: 싱거운 음식도 짜게 느끼게 하는 젓가락

저염 음식에서 짠맛을 느끼게
하는 전기 자극 젓가락.
© Kirin Holdings

싱거운 음식도 짜게 느끼게 만드는 젓가락. 일본 메이지대 미야시타 호메이 교수 연구팀이 2022년에 발표한 발명품이다. 고혈압, 뇌졸중처럼 나트륨을 과다 섭취해 생기는 성인병을 예방하고자 짠맛을 더 강하게 느끼게 하는 젓가락을 개발했다. 이 젓가락은 혀에 미세한 전기 충격을 주어 짠맛을 느끼게 만든다. 혀는 미세한 전기가 흐를 때 특정 맛을 강하게 느끼는데, 이는 '전기 미각'이라 불리는 현상이다. 2011년 미야시타 교수는 당시 제자였던 니카무라 히로미(도쿄대 특임 준교수)와 함께 빨대나 젓가락 등에 미세한 전류가 흐르게 해 음식이나 음료를 섭취했을 때 짠맛이 강해지거나 금속 맛이 나게 하는 식으로 맛이 변할 수 있다는 사실을 확인하고 논문으로 발표했다. 전기 미각 현상을 식기에 도입하는 것은 처음이었다. 덕분에 두 사람은 2023년 영양학 부문 이그노벨상을 받았다.

● 기계공학상: 죽은 거미로 만든 로봇

죽은 거미 등에 주사기가 꽂혀 있는데, 이 주사기에 공기를 넣었다 빼면 거미의 다리가 펴졌다 구부러지며 물건을 들어올린다. 미국 라이스대 기계공학과 다니엘 프레스턴 교수 연구팀이 만든 '네크로봇'이다. 이름도 거미 '사체(necro-)'를 '로봇(robot)'으로 만들었다는 의미에서 붙였다. 연구팀은 이 충격적 발명품 덕분에 2023년 기계공학 부문 이그노벨상을 받았다. 연구팀은 복도에서 다리를 오므린 거미 사체를 보고, 물건을 쥐는 로봇인 '그리퍼(gripper) 로봇'의 아이디어를 얻었다고 한다. 거미는 굴근이란 근육으로 다리를 안쪽으로만 구부리고, 체내 수압을 조절해 다리를 바깥으로 벌리지

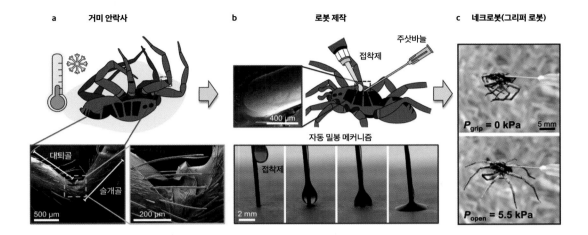

a 거미 안락사   b 로봇 제작   c 네크로봇(그리퍼 로봇)

대퇴골
슬개골
500 μm   200 μm

접착제   주삿바늘
400 μm
자동 밀봉 메커니즘
접착제
2 mm

P_{grip} = 0 kPa   5 mm
P_{open} = 5.5 kPa

만, 죽으면 수압을 제어할 수 없어 다리는 구부러져 둥글게 말린다. 연구팀
이 죽은 늑대거미로 만든 네크로봇은 8개의 다리로 불규칙하게 생긴 물건
을 들어올리고 자기 체중의 1.3배까지 들어올렸다.

거미 사체로 만든 '네크로봇'은
물건을 쥐는 '그리퍼 로봇'이다.
© Advanced Science

⬤ 의학상: 왼쪽과 오른쪽 콧구멍 속 코털의 수는 똑같을까?

제33회 이그노벨상
결과를 다룬 《황당무계
연구연보(Annals of
Improbable Research)》
특별판.
© AIR

코털의 개수는 얼마나 될까. 왼쪽과 오른쪽 콧구멍 속 코털의 개수는
똑같을까. 미국 어바인 캘리포니아대 피부과 연구팀이 시체 콧구멍 속 털의
개수를 확인해 2023년 의학 부문 이그노벨상을 받았다. 연구팀
은 시체 20구의 콧속을 들여다보고 콧속의 털이 어떻게 분포하
는지 알아봤다. 일일이 코털을 세고 분석한 결과 코털의 평균 개
수는 왼쪽 콧구멍에 120개, 오른쪽 콧구멍에 122개임을 확인했
다. 코털의 평균 길이는 0.81~1.035cm였다고 한다. 연구팀은 해
부학 문서를 봐서는 답을 찾을 수 없어 직접 연구를 시작했다면
서 코털은 호흡기 건강을 지키는 데 중요하기 때문에 더 잘 이해
해야 하는 부위라고 강조했다. 이 연구결과는 2022년 국제학술
지 「국제 피부과학 저널(International Journal of Dermatology)」에

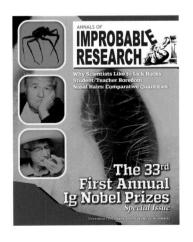

발표됐다.

　　이 외에도 영국 레스터대 연구팀이 지질학자들이 왜 바위를 핥아 맛을 보는지 연구해 화학과 지질학 부문 이그노벨상을, 프랑스 그르노블 알프스대 연구팀이 특정 단어를 수없이 반복하면 그 단어가 생소하게 느껴지는 현상(자메뷰)이 왜 일어나는지 연구해 문학 부문 이그노벨상을 받았다. 또 아르헨티나 산안드레스대 연구팀이 말을 거꾸로 하는 사람의 뇌가 어떻게 작동할지 연구해 의사소통 부문 이그노벨상을, 중국 홍콩대 연구팀이 수업할 때 교사와 학생 모두 지루해지는 이유를 연구해 교육 부문 이그노벨상을 받았다. 아울러 미국 밴더빌트대 연구팀이 몇 명이 위를 쳐다보고 있어야 지나가는 사람도 위를 쳐다보게 될지를 연구해 심리학 부문 이그노벨상을, 스페인 비고대 연구진이 짝짓기하러 모인 멸치가 바다에 작은 난류를 만들 수 있다는 연구결과를 발표해 물리학 부문 이그노벨상을 받았다.